稻渔综合种养新模式新技术系列丛书

全国水产技术推广总站 ◎ 组编

稻鳅综合种养

技术模式与案例

奚业文　占家智　白志毅 ◎ 主编

U0395178

中国农业出版社

北京

图书在版编目（CIP）数据

稻鳅综合种养技术模式与案例／全国水产技术推广
总站组编；奚业文，占家智，白志毅主编 . —北京：
中国农业出版社，2019.6
（稻渔综合种养新模式新技术系列丛书）
ISBN 978-7-109-25241-7

Ⅰ.①稻… Ⅱ.①全… ②奚… ③占… ④白… Ⅲ.
①稻田-泥鳅-淡水养殖 Ⅳ.①S966.4

中国版本图书馆 CIP 数据核字（2019）第 027736 号

中国农业出版社出版
地址：北京市朝阳区麦子店街 18 号楼
邮编：100125
策划编辑：郑 珂 责任编辑：林珠英 周晓艳
版式设计：杜 然 责任校对：赵 硕
印刷：中农印务有限公司
版次：2019 年 6 月第 1 版
印次：2019 年 6 月北京第 1 次印刷
发行：新华书店北京发行所
开本：880mm×1230mm 1/32
印张：7 插页：4
字数：190 千字
定价：28.00 元

稻渔综合种养新模式新技术系列丛书

丛书编委会

稻渔综合种养新模式新技术系列丛书

本书编委会

主　编　奚业文　占家智　白志毅

副主编　王祖峰

编　者　奚业文　占家智　白志毅　朱泽闻　羊　茜

　　　　王建波　王　浩　钱银龙　蒋　军　刘学光

　　　　张海琪　易　翀　程咸立　王祖峰　党子乔

稻渔综合种养新模式新技术系列丛书

丛 书 序

21世纪以来，为解决农民种植水稻积极性不高以及水产养殖病害突出、养殖水域发展空间受限等问题，在农业农村部渔业渔政管理局和科技教育司的大力支持下，全国水产技术推广总站积极探索水产养殖与水稻种植融合发展的生态循环农业新模式，农药化肥、渔药饲料使用大幅减少，取得了水稻稳产、促渔增收的良好效果。在全国水产技术推广总站的带动下，相关地区和部门的政府、企业、科研院校及推广单位积极加入稻渔综合种养试验示范，随着技术集成水平不断提高，逐步形成了"以渔促稻、稳粮增效、质量安全、生态环保"的稻渔综合种养新模式。目前，已集成稻-蟹、稻-虾、稻-鳖、稻-鲤、稻-鳅五大类19种典型模式，以及20多项配套关键技术，在全国适宜省份建立核心示范区6.6万公顷，辐射带动133.3万公顷。稻渔综合种养作为一种具有稳粮促渔、提质增效、生态环保等多种功能的现代生态循环农业绿色发展新模式，得到各方认可，在全国掀起了"比学赶超"的热潮。

"十三五"以来，稻渔综合种养发展进入快速发展的战略机遇期。首先，从政策环境看，稻渔综合种养完全符合党的十九大报告提出的建设美丽中国、实施乡村振兴战略的大政方针，以及农业供给侧改革提出的"藏粮于地、藏粮于技"战略的有关要求。《全国农业可持续发展规划（2015—2030年）》等均明确支持稻渔综合种养发展，稻渔综合种养的政策保障更有力、发展条件更优。其次，从市场需求看，随着我国城市化步伐加快，具有消费潜力的群体不断壮大，对绿色优质农产品的需求将持续增大。最后，从资源条件看，我国适宜发展综合种养的水网稻田和冬闲稻田面积据估算有600万公顷以上，具有极大的发展潜力。因此可以预见，稻渔综合种养将进入快速规范发展和大有可为的新阶段。

为推动全国稻渔综合种养规范健康发展，推动2018年1月1日正式实施的水产行业标准《稻渔综合种养技术规范　通则》的宣贯落实，全国水产技术推广总站与中国农业出版社共同策划，组织专家编写了这套《稻渔综合种养新模式新技术系列丛书》。丛书以"稳粮、促渔、增效、安全、生态、可持续"为基本理念，以稻渔综合种养产业化配套关键技术和典型模式为重点，力争全面总结近年来稻田综合种养技术集成与示范推广成果，通过理论介绍、数据分析、良法推荐、案例展示等多种方式，全面展示稻田综合种养新模式和新技术。

这套丛书具有以下几个特点：①作者权威，指导性强。从全国遴选了稻渔综合种养技术推广领域的资深专家主笔，指导性、示范性强。②兼顾差异，适用面广。丛书在介绍共性知识之外，精选了全国各地的技术模式案例，可满足不同地区的差异化需求。③图文并茂，实用性强。丛书编写辅以大量原创图片，以便于读者的阅读和吸收，真正做到让渔农民"看得懂、用得上"。相信这套丛书的出版，将为稻渔综合种养实现"稳粮增收、渔稻互促、绿色生态"的发展目标，并作为产业精准扶贫的有效手段，为我国脱贫攻坚事业做出应有贡献。

这套丛书的出版，可供从事稻田综合种养的技术人员、管理人员、种养户及新型经营主体等参考借鉴。衷心祝贺丛书的顺利出版！

中国科学院院士

2018 年 4 月

前　言

　　"水中小人参"是人们对泥鳅的爱称。泥鳅不仅味道鲜美、营养丰富，而且还具有保健功能，已经成为人们竞相食用的佳品，更是我国出口创汇的重要淡水鱼类之一，尤其深受韩国、日本、马来西亚，以及我国的台湾和香港地区消费者的青睐。

　　"小品种、大产业"，是目前对泥鳅养殖的最好写照。发展泥鳅养殖业是服务"三农"的较好选择，是调整农村产业结构、增强农民增收能力、拓展农村致富途径的需要。泥鳅稻田养殖技术更是发展经济、富裕群众、增强出口创汇能力的保证。

　　近十年来，稻田养殖泥鳅在我国各地迅速发展，其原因主要有如下几点：①泥鳅的价格和价值正被国内外市场接受，优质泥鳅商品在市场上不愁没有销路；②稻田养殖泥鳅技术能够得到推广，许多地方将泥鳅养殖作为"科技下乡""科技赶集""科技兴渔""农村实用技术培训"的主要内容，同样也对泥鳅的稻田养殖技术进行重点介绍，这些养殖与经营的一些关键技术已经被广大养殖户吸收；③只要苗种来源好，饲养技术得当，基本可以实现当年投资、当年受益的目的，有助于资金的快速回笼；④泥鳅的生命力和耐低氧能力非常强，食物来源广泛且易得。以上特点决定了泥鳅能在稻田里进行养殖，而且养殖效果非常好。因此，人们在进行水产品结构调整时，往往把它作为产业结构调整的首选品种。

　　尽管稻田养殖有很多优势，但目前在发展中仍存在技术瓶颈，主要体现在：①泥鳅的生物学特性与一般鱼类有区别，部分养殖户认为其好养，因此在没有任何思想准备和技术储备的情况下就盲目养殖，最后导致失败；②泥鳅的部分疾病还没有被完全攻克，如鳅苗在培育到 2.5 厘米长时，稍有不慎就会大量死亡，被鳅农称为"寸片死"，但具体原因及如何预防治，目前仍在技术攻关；③苗种市场比较混乱，"炒苗"现象相当严重，伪劣鳅种坑农害农的现象仍时有发生；④针对泥鳅养殖的专用药物还没有被开发，目前沿用的仍然是一些常规兽药或其他常规渔药；⑤泥鳅的深加工技术还有待进一步发展。

　　基于以上认识及生产经验，笔者编写了《稻鳅综合种养技术模式与案例》一书，重点介绍泥鳅的稻田养殖技术及与之相配套的苗种供应、饵料供应等技术，希望能给从事广大泥鳅养殖的朋友提供参考。

　　本书适合水产养殖企业、养殖户及水产科技工作者阅读参考。如有不当之处，恳请读者朋友指正！

编　者

2019 年 5 月

目　录

第一章　泥鳅的生物学特性和养殖概述

俗话说"天上的斑鸠，地下的泥鳅"，由于泥鳅有特殊的营养和保健功能，因此被人们誉为"水中人参"。泥鳅肉质细嫩，味道鲜美，营养丰富，除了含有丰富的蛋白质以外，还含有脂肪、B族维生素、磷、铁等营养成分，是著名的滋补食品之一。在医用方面，民间用泥鳅治疗肝炎、小儿盗汗、皮肤瘙痒、腹水、腮腺炎等病均有一定的疗效。另外，泥鳅也是我国出口创汇的主要水产品之一，在国际国内都属畅销水产品。

泥鳅群体数量大，是一种重要的小型淡水经济鱼类，长期以来人们以从自然界中捕捉为主，很少进行人工养殖。但由于泥鳅生命力和对环境的适应能力很强、疾病少、成活率高、繁殖快、饵料杂且易得的优势，因此从养殖角度来说，它也是一种容易饲养而又可获得高产的鱼类，已成为与水稻进行综合种养的主要水产养殖品种之一。

一、泥鳅的分类与分布

泥鳅（*Misgurnusan guillicaudatusontor*），又称鳅、鳅鱼、鳛鱼、泥巴狗子，属鱼纲、鲤形目、鲤亚目、鳅科、鳅亚科、泥鳅属。本属种类较多，在全世界有10余种，常见的有真泥鳅、大鳞副泥鳅、内蒙古泥鳅（埃氏泥鳅）、青色泥鳅、拟泥鳅、二色中泥鳅等，其外形基本相差无几，广泛分布于中国、日本、朝鲜、俄罗斯及印度等地。泥鳅是温水性鱼类，在我国分布很广，除青藏高原外，全国各地的河川、沟渠、水田、稻田、池塘、湖泊、堰塘及水库等天然淡水水域中均有分布，尤其在长江流域和珠江流域中下游分布极广。通常养殖的泥鳅是真泥鳅和大鳞副泥鳅。由于真泥鳅和大鳞副泥鳅外表区别不明显，因此人们通常将其统称为泥鳅（彩图 1）。

中国科学院水生生物研究所陈景星在 1981 年出版的《鱼类学论文集》中，将我国境内的泥鳅分为 3 种：北方泥鳅、黑龙江泥鳅和真泥鳅。北方泥鳅主要分布于黄河以北地区，黑龙江泥鳅仅分布于黑龙江水系，真泥鳅在全国各地均有分布。

我国水产研究人员在对泥鳅的染色体进行比较研究发现，泥鳅的染色体可分为两种类型，即二倍体泥鳅和四倍体泥鳅。虽然它们都叫泥鳅，养殖户一般也分辨不出来，但事实上这两种泥鳅的生长特性有明显区别。经过生产实践发现，四倍体泥鳅的生长速度明显快于二倍体的泥鳅。

二、泥鳅的形态学特性

1. 体型

泥鳅体型较小，像黄鳝，但比黄鳝短得多。总体来说，泥鳅身体细长，前部呈长筒状，腹部宽圆，尾部侧扁，体长 4～17 厘米。根据科研人员的测定与研究，泥鳅的体长为其体高的 5.8～8.6 倍。

2. 头部

泥鳅头部比较尖，吻部向前突出，唇厚且软，下唇有 4 须突，有明显的细皱纹和小凸起。口下位，呈马蹄形，眼和口都较小。视觉不发达，眼上覆盖着皮膜，眼间隔宽于眼径，前鼻孔有短管状皮突。

3. 须

泥鳅的口须共有 5 对，其中吻须 1 对，上颌须和下颌须各 2 对，一大一小。泥鳅的 5 对须对外界的反应极其敏感，是泥鳅的主要触觉和味觉器官。

4. 鳞

泥鳅的头部没有鳞片，而且身体上的鳞片也非常细小，呈圆形，埋于皮下，如果不仔细看，就看不到鳞片的存在，因此一般人会认为泥鳅是无鳞鱼。据测定，泥鳅的侧线鳞多达150枚。

5. 体表

泥鳅体表黏液非常丰富，因此其适宜钻洞。而且用手提时，也感觉非常黏滑。体表上的黏液不但可以帮助泥鳅躲避敌害，同时也是它们防止外部病菌侵入体内的一道天然屏障。泥鳅体背及体侧的2/3以上部位呈灰黑色，上面密布黑色斑点，而体侧的下半部呈白色或浅黄色，因此泥鳅又被称为黄鳅。侧线处于身体的侧中位，常不明显，尾柄基部上方有一块黑色大斑。

6. 鳍

泥鳅的背鳍位于身体中央稍后，臀鳍位于腹鳍基与尾鳍基的正中间。胸鳍侧下位，成年鳅呈圆形（雌鳅）或尖形且第一鳍条很粗长（雄鳅）。腹鳍始于背鳍起点下方或略后，雄鱼鳍较长。尾鳍圆形。尾柄上下缘略有皮棱，并有黑色小斑点。肛门位于臀鳍稍前方。

三、泥鳅的生态学特性

农村地域广大，水资源丰富，适宜发展泥鳅养殖业，很多农户对现有条件进行改造来养殖泥鳅。但是要想养好泥鳅，就必须熟悉它的习性特征。

1. 底栖性

泥鳅为温水性底栖鱼类，生命力强，喜欢栖息在常年有水的池塘、沟渠、塘堰、湖沼、水池、稻田等泥沙底的浅水区，或是腐殖质多的淤泥表层，喜中性和偏酸性的泥土，一般情况很少游到水体的中上层。白天常钻入泥土中，夜间出来活动或觅食。在自然条件下，冬季会钻入洞穴中越冬。

2. 喜温性

泥鳅属于温水性鱼类，对温度的适应能力比较强。生长适宜水温为 13～30 ℃，最适水温为 20～25 ℃。泥鳅有一种自我保护特性，就是会冬眠或夏眠。当冬天水温低于 6 ℃、夏天水温超过 34 ℃或枯水期天旱干涸时，泥鳅都会潜到 10～30 厘米深的泥层或草层中栖息，呈不食不动的休眠状态。此时它们的食欲降低，生长缓慢，只要土壤中稍有湿气，即稍有少量水分湿润皮肤就能维持生命。这是因为泥鳅除了能够用鳃呼吸外，还能用皮肤和肠呼吸。翌年水温上升至 8 ℃以上时，便开始出穴活动（4～10 月是泥鳅生长旺盛的季节）。泥鳅这种夏天进行休眠的现象称为夏眠，冬天进行休眠的现象则称为冬眠。正是由于泥鳅对气候敏感，因此泥鳅也被称为"气候鱼"。

在利用稻田养殖泥鳅时，必须对泥鳅养殖环境进行防暑降温，可采用的方法有以下几种：

（1）在田埂上种植丝瓜、南瓜、葫芦、葡萄等，并在田间沟的上方搭建架子供瓜果攀爬，面积占田间沟总面积的 1/6～1/5。

（2）在稻田里进行高密度养殖泥鳅时，在田间沟的角落处种植莲藕、茭白等；或移栽水生植物，如浮萍、水浮莲等漂浮性水草，以供泥鳅在高温时避暑；同时还可为泥鳅提供部分植物性饲料，以适应泥鳅对光照强弱的需要。

（3）适时加注新水，适当提高水位。

3. 耐低氧

泥鳅比一般的鱼类更耐低氧，它除了能用鳃呼吸外，肠和皮肤也有辅助呼吸作用。用肠呼吸是泥鳅特有的生理现象，肠呼吸量可占全部呼吸量的 1/3 以上。泥鳅肠壁薄，肠管直，而且血管丰富，分布广，具有辅助呼吸、进行气体交换的功能。当水温上升或水中缺氧时，泥鳅就会从水底里直接游到水面通过肠进行气体交换，氧气被充分吸收，而体内的二氧化碳等废气则由肛门排出。因此当泥鳅下沉时，有时会听到它能发出"咕咕"的声音，这就是其肛门在排气时发出的气流撞击声。用肠呼吸多发生在气候骤变、低压暴雨来临前，因此泥鳅能适应底层静水体的缺氧环境。如果水干涸或者在冬季，泥鳅便钻入淤泥中，靠湿润的环境行肠道呼吸，以长期维持生命。

泥鳅对缺氧环境的承受力，远胜于其他的养殖鱼类。因此，它是一种增产潜力很大的养殖鱼种，既适合高密度养殖，又可在运输时不易因缺氧而死亡。据密封装置试验，在水温 24.5 ℃时，泥鳅幼鱼在水中溶解氧含量低达 0.46~0.48 毫克/升时才开始死亡。泥鳅成鱼在水中溶解氧含量达 0.24 毫克/升时才开始死亡，它的窒息点要比常见的鱼类，如青鱼、鲫、鲢、草鱼（0.58~0.99 毫克/升）等低很多，仅仅比鳙（0.23 毫克/升）略高一点。在人工养殖的情况下，缺氧时泥鳅会游至水面吞食空气，进行肠呼吸。因而，即使溶解氧含量低于 0.16 毫克/升，泥鳅仍可安然无恙。

泥鳅还能利用皮肤进行呼吸。据试验，将当年小泥鳅（体长 5 厘米左右）放在干燥的玻璃缸中 1 小时后再将它们放回到水体中，它们仍然能存活并能正常生长；将更大一点的泥鳅（体长达到 12 厘米的成年泥鳅）放在干燥的玻璃缸中 6 小时后再放回到水体，它也仍然正常存活。

正是由于泥鳅的皮肤和肠管都能进行辅助呼吸，再加上鳃的主要呼吸功能；因此在养殖和运输时，能大大提高它们的成活率和养殖密度。这样在运输时就不需要太多的水，不仅可大大节约运输费用，而且还降低了养殖过程中的费用。

4. 善逃性

泥鳅和黄鳝一样，不但会逃跑，而且逃逸能力非常强。在雨水较多的春夏季节，当稻田水位涨满或田埂被水冲出缝隙而出现漏洞时，稻田里的泥鳅会在一夜之间全部逃光，尤其是在水位上涨时泥鳅会从稻田的进、出水口逃走。因此，养殖泥鳅时一定要提高警惕，务必加强防逃管理，特别是下雨时，要加强巡查，检查进、出水口防逃设施是否有堵塞现象、是否完好。平时当水位达到一定高度时，要及时排水，防止田水溢出，造成泥鳅逃逸。另外，在换水时也要做好进、出水口的防逃措施。

5. 夜食性

泥鳅习惯在夜间吃食，但在产卵期和生产旺盛期间，它们的体内能量消耗过多，需要及时补充能量，此时泥鳅也会在白天摄食。产卵期的亲鳅摄食量比平时大，雌鳅比雄鳅摄饵多。在人工养殖时，泥鳅经过驯养后也可改在白天摄食。经过驯食后，无论是幼鳅还是成鳅，对于光的照射都没有明显的趋光或避光反应。

四、泥鳅的食性

1. 泥鳅的食性

泥鳅是以动物性食物为主的杂食性鱼类，食性很广，一般摄食水蚤、水蚯蚓、昆虫、扁螺、水草、腐殖质，以及水中或泥中的小生物。泥鳅摄食的天然饵料主要有硅藻类、经藻类、蓝藻类、枝角类、桡足类、裸藻类、黄藻类、轮虫和其他的原生动物类等。在天然水域中，不同规格的泥鳅摄食的对象有所不同。幼鱼期间喜吃动物性饵料，主要摄食小型甲动物、水蚯蚓、水生昆虫等；成鱼期间则转以植物性饵料为主，如高等植物的种子、碎屑和藻类植物等，有时亦摄食水底泥渣中的腐殖质。

从体长和摄饵的关系来看，在幼苗阶段，体长5厘米以下，主要摄食小型甲壳类，如轮虫、枝角类、桡足类和原生动物等动物性饲料，其次是腐殖质；体长达5～8厘米时，除摄食小型甲壳类外，还摄食水蚯蚓、摇蚊幼虫、丝蚯蚓、水生和陆生昆虫，以及其幼体、河蚬、幼螺、蚯蚓等底栖无脊椎动物，偶尔也捕食各种藻类、有机碎屑和水草的嫩叶及芽等；体长达8～9厘米时，食性更杂，主要摄食大型浮游动物、摄食硅藻、绿藻类、蓝藻类和高等水生植物的茎、根、叶、植物碎片、种子等，也吃部分微生物和碎屑；体长达10厘米以上时，以摄食植物性饲料为主，兼食其他饲料。

人工饲养条件下，鱼苗阶段可投喂蛋黄和其他粉状饲料，也可投喂昆虫、水蚤、丝蚯蚓等。鱼种阶段可投喂米糠、麸饼类、蚕蛹粉等，也可以用堆放厩肥、鸡粪和牛粪、猪粪等方法培育浮游生物作鱼苗鱼种饲料。成鱼阶段用米糠、马铃薯渣、蔬菜渣、蚕蛹粉、麸饼粉等与猪粪或腐殖质土混合制成颗粒饲料或团状饲料投喂。人工养殖泥鳅时，投喂一定要做到定时、定点、定质和定量。由于泥鳅特别贪食，因此饲料投喂不宜过多，日投饲量，鱼种阶段为鱼体重的5%～8%、成鱼阶段为5%左右。开始时每天傍晚投喂一次，以后驯化改为白天投饲，上午、下午各投喂一次。如果投喂过多，则易导致泥鳅因消化不良而被胀死。

泥鳅的摄食量一般都比较大，随着个体的增大，一次饱食量占体重的百分比逐渐降低，一次饱食时间逐渐延长。泥鳅对动物性饵料的消化速度较植物性饵料快，其中对浮萍的消化速度最慢，对蚯蚓的消化速度较快。泥鳅与其他鱼类混养时，常以其他鱼类吃剩的残饵为食，也可以吞食鱼类的粪便，所以泥鳅常被称为"清洁工"。

2. 泥鳅在稻田里的食性

根据华中农业大学水产学院相关教授做的工作，泥鳅的食物组成主要有以下几种（表1-1）。

表1-1 稻田中泥鳅肠道内食物组成分析（$n=28$）

食物种类	出现尾数（P）	出现率（P/N）（%）	摄食强度			
			很多	多	较多	仅出现
水绵	11	39.3			2	9
喇叭虫	2	7.1				2
轮虫	2	7.1				2
线虫	7	25				16
水蚯蚓	1	3.6				1
扁螺	1	3.6				1
低额溞	3	10.7				3
粗毛溞	1	3.6				1
尖额溞	16	57.1				16
盘肠溞	2	7.1				2
弯尾溞	5	17.9			5	
介形虫	22	78.6		4	10	8
剑水蚤	24	85.7			12	13
摇蚊幼虫	6	21.4			1	5
水生昆虫	4	14.3				4

从表1-1中可以看出，泥鳅在稻田中以摄食介形虫、剑水蚤、尖额蚤等小型动物为主，以摄食水绵为辅，偶尔还摄食其他一些水生动物（如线虫）等。这说明在不投喂的情况下，泥鳅在稻田中主要摄食水生动物，但也摄食少量水生植物。

3. 食性组成给稻田养殖泥鳅的启示

主要有以下几点：

（1）稻田生态环境中食物的易得性及泥鳅的喜好性是影响泥鳅食物组成的重要因素。当向稻田中投喂饵料时，对于泥鳅来说，易得性和喜好性都发生了重大改变，它们肠道内的食物自然会发生改变。而稻田里的天然饵料是不足以满足泥鳅大量养殖的，因此在稻田中进行稻鳅轮作共生时，需要进行人工投喂，这是获得高产高效的基础。

（2）从稻田里泥鳅的食物组成来看，泥鳅对环境条件尤其是稻田的环境比较适应。即使食物缺乏，它们也能通过摄食有机碎屑和活性淤泥来满足最基本的生长发育所需，因此进行稻田养殖泥鳅时，最好通过投饵来满足它生长发育所需的能量。

（3）在进行稻鳅轮作共生时，可以充分利用在栽秧前施用的有机基肥来培养饵料生物，满足前期泥鳅的生长发育所需。对于成鳅养殖，不仅可以通过在稻田的田间沟里投放鲜活的螺蛳、河蚌、蚬贝、人工培育水蚯蚓、蚯蚓等活饵料，还可以投喂蚕蛹粉、畜禽内脏等动物性饲料；同时，合理搭配一定比例的价格低廉且来源广泛易得的植物性饲料，如麸皮、米糠、豆渣、三等面粉、四号粉及一些瓜果蔬菜等。

4. 泥鳅的摄食特点

总体来说，泥鳅的吃食有以下四大特点：

（1）泥鳅吃食量比较大，而且比较贪食，这是它们长期在自然界的环境中慢慢适应而形成的结果。

（2）随着身体的增长和体重的增加，泥鳅一次吃饱的时间会逐渐延长，虽然一次饱食量占身体体重的百分比却不断下降，但是一次的绝对摄食量是逐渐增加的。

（3）泥鳅对动物性饵料和植物性饵料的消化利用能力不同，对动物性饵料的消化利用能力要比植物性饵料快得多。泥鳅对浮萍的消化利用速度最慢，长达 7 小时左右；而对蚯蚓的消化利用能力较快，只需 4 小时左右。因此在养殖泥鳅时，应尽可能地投喂动物性饵料或含动物蛋白较高的颗粒饲料。

（4）就一年来说，泥鳅的摄食高峰期在其生长发育高峰期，也就是适宜生长的温度范围内的时间，主要是在 5～9 月。泥鳅在一昼夜中有两个吃食高峰期，一个是在 7:00～10:00，另一个是在 16:00～18:00 时，而在 5:00 左右则有一个明显的吃食低潮。更重要的是，在晚上的吃食高峰期是最主要的，约占整天食物量的 70%。因此在养殖时，可以考虑在傍晚时投饵。泥鳅的摄食特性告诉我们，在进行稻田养殖泥鳅时，泥鳅的最佳摄饵时间也就是它的摄食高峰期，即每天的 8:00～10:00 和 16:00～18:00 是适宜投喂的时间。

五、泥鳅的生长

泥鳅的生长速度和饵料、养殖密度、水温，以及泥鳅性别、规格大小、发育时期等密切相关，尤其是饲料的质量和数量决定了泥鳅的生长速度。在人工养殖中个体会出现较大的差异，这是正常的表现。

自然环境中，泥鳅生长较慢，刚孵出的泥鳅苗一般体长为 3～4 毫米，1 个月能长到 2～3 厘米，再经 1 个月可以达到 5 厘米左右，6 个月能长到 7 厘米左右，体重在 3 克/尾左右。10 个月后体长可达 12 厘米，体重在 10 克左右。此后，雌雄泥鳅生长便产生明显差异，雌鳅生长比雄鳅快。雌鳅最大个体体长可达 20 厘米，重 100 克左右；雄鳅最大个体体长可达 17 厘米，体重达 50 克。

人工养殖条件下，刚孵出的泥鳅苗经 20 天左右即可长至 3 厘米以上，当年可长至 10～12 厘米，即长成每千克 60～80 尾的商品鳅。泥鳅的人工养殖周期一般为 1 年，经 4～6 个月的饲养，泥鳅体重可增加4～6倍。第2年的生长速度较第1年的慢，但肥满度增加，肉质和口感会更好。

六、泥鳅的繁殖

泥鳅一般1冬龄性成熟，属于多次性产卵鱼类，成熟个体中往往雌泥鳅所占的比例大，雄泥鳅体长约达6厘米时便已性成熟。在自然条件下，4月上旬、水温达18℃以上时开始繁殖；5～6月、水温达到25～26℃时是产卵盛期，一直延续到9月还可产卵，每次产卵需时4～7天。繁殖时所需水温为18～30℃，最适水温为22～28℃。

泥鳅怀卵量的多少和其体长有关，不同个体的怀卵量相差非常大，少的仅几百粒，多的达几万粒。例如，体长8厘米的雌鳅，怀卵量大约是2 000粒；体长12～15厘米的雌鳅，怀卵量为1万～1.5万粒；体长20厘米的雌鳅，怀卵在2.4万粒以上。

七、泥鳅的品种

全世界的泥鳅种类很多，有十来种，如真泥鳅、沙鳅、花鳅、长薄鳅、带纹沙鳅、大鳞副泥鳅；另外，还有黄金鳅、台湾泥鳅等。现将在我国有一定养殖价值的几种泥鳅作一简要介绍，但是不同的泥鳅品种其生长速度不同，养殖收益也不尽相同。因此，在养殖时，一定要选择好泥鳅的品种。

1. 真泥鳅

真泥鳅也就是我们通常所说的泥鳅，此品种经济价值较高，最适于养殖，具体特征在前面已经讲述，此处不再赘述。

2. 沙鳅

小型鱼类，栖居于沙石底河段的缓水区，常在底层活动。吻长而尖。体长12厘米以下。口须3对。体背有方形褐色斑点。体侧有两列纵连的褐色斑点，其中下列较大而明显。眼下刺分叉，末端超过眼后缘。各鳍均有黄白相间条纹。尾柄较低。

3. 花鳅

又名大斑花鳅，是一种淡水中常见的小杂鱼，广泛分布于我国东部地区各水系的浅水区。体长形，4～8厘米，侧扁。唇厚。有口须4对。有眼下刺，其基部为双叉形。侧线侧中位。腹侧白色。鳍淡黄色。体侧沿纵轴有6～9个较大的略呈方形的斑块。背鳍、尾鳍有小黑点，尾鳍基上侧有一块亮黑斑。

4. 长薄鳅

为底层肉食性鱼类，以底层小鱼为主食。生活于江河中上游及水流较急的河滩、溪涧，常集群在水底砂砾间或岩石缝隙中活动。一般个体重1.0～1.5千克，最大个体可达3千克左右。生殖期在3～5月，卵黏附在砂石上孵化。

5. 带纹沙鳅

体长7～9厘米，最大可达20厘米。体长形，侧扁。头尖锥状，略侧扁。口下位，吻须2对，上颌须1对。背鳍始于体中央稍后，外缘斜直或略凹。体背侧暗绿灰或黄灰色，体侧上方有12条黑褐色宽横纹。腹侧白色。头背侧有2条暗色纵纹。分布于黑龙江、长江等多沙的江河底层。

6. 大鳞副泥鳅

身体较长而侧扁，腹部较浑圆。比普通泥鳅的身体短。有须5对，靠近口角的1对最长，末端远超过前鳃盖骨后缘。胸鳍、腹鳍、臀鳍灰白色，背鳍及尾鳍具黑色小点。分布比较广泛。

7. 黄金鳅

黄金鳅也是泥鳅，其主要体表特征与普通泥鳅一样，只是体色变异为黄色而已。此品种可以考虑用来培育观赏鳅。

8. 台湾泥鳅

该品种是大鳞副鳅的一种，在中国多分布于长江中下游和台湾岛西北部的浅滩河流。其生长快，个体大（彩图2）。1992年由湖北省水产研究所进行培育和人工繁殖研究，2000年在浙江湖州、顺德、仙桃等水产技术站推广养殖，2011年由南海渔愉鱼水产重新进行推广养殖。该品种以生长周期短、味道鲜美而出名，现在国内泥鳅市场火热，供不应求，因此具有广阔的市场前景。

对于以上几种有养殖价值的泥鳅，养殖者可以根据自己所在当地的资源条件选择养殖品种。由于泥鳅和大鳞副泥鳅的外表区别不是很明显，因此人们通常把泥鳅和大鳞副泥鳅都统称为泥鳅。就养殖效益来说，养殖泥鳅的经济效益更好一些，而且在我国大多数地区，还是以养殖泥鳅为主，当然有的地区也养殖大鳞副泥鳅。

八、国外的泥鳅养殖

我国的泥鳅有相当一部分用于出口创汇，而出口的主要国家是日本和韩国，因为这两个国家的人们特别爱吃泥鳅。日本是国外最早从事泥鳅养殖的国家，已经有70多年的养殖历史，而且他们的泥鳅养殖水平很高，如现在一种新型的木箱养殖泥鳅就是从日本引进的。

在日本，随着苗种人工繁殖技术的突破，泥鳅的全人工养殖、规模养殖、泥鳅优良品种的选育都得到了长足的发展。迄今为止，泥鳅养殖已经成为日本非常有前景的水产养殖品种之一。另外，泥鳅在韩国、朝鲜、俄罗斯和印度等地也有相当大的养殖市场。

九、我国台湾的泥鳅养殖

在我国台湾，当地农村养殖泥鳅非常多。造成台湾泥鳅养殖盛行的原因之一就是当地的养鸡业特别发达，而当地的人们认为泥鳅是养鸡的最佳饲料之一。尤其是在夏天，如果在鸡饲料中添加一定比例的泥鳅，可以有效地防止鸡消瘦现象；另外，由于鸡的肠道较短，对于谷实类的饲料消化能力较弱，因此鸡粪里含有大量的营养物质，这些物质又是养殖泥鳅最好的饲料。

台湾本地的农民是在稻田中养殖泥鳅，利用鸡粪作为泥鳅的饲料。大泥鳅及时上市，较小的泥鳅一是可以做鳅苗，二是可以用来喂鸡。这样做到既育了稻，又养了鳅，养殖的经济效益非常好。

十、稻田养殖泥鳅的风险与控制

任何一种养殖都可能存在风险，作为一种新兴的水产养殖品种和稻田养殖新模式，养殖泥鳅也有一定的风险。目前泥鳅养殖的风险包括市场风险、技术风险和苗种来源风险等多种。

1. 市场风险

虽然目前泥鳅市场需求量很大，价格一直飙升，但对于农民来讲，同样存在市场风险。这是因为我国目前养殖出来的泥鳅主要是出口到韩国和日本，一旦这两个国家的市场需求发生意外，就有可能造成极大的经济损失。特别是对于初次养殖泥鳅的养殖户来说，由于泥鳅养殖规模小，因此养殖户的养殖风险相对要大。初次养殖泥鳅的养殖户和那些养殖面积较小的养殖户，应积极、主动地向养殖大户和养殖基地靠拢，及时了解市场信息，掌握合适的时机，方便时"搭车"销售。

2. 技术风险

泥鳅养殖的技术风险也不能小视。泥鳅养殖的方法很多，目前最有成效的还是池塘精养泥鳅和稻田与泥鳅的连作共生。但由于池塘精养的放养密度大，泥鳅对饵料和空间的要求也大，因此泥鳅养殖的主要风险还是在技术层面上。喂养、防病治病等技术不过关，则会导致养殖失败。从总的风险控制及水质调控的角度来说，稻田与泥鳅连作共生的风险要小得多。因此，在实施稻鳅连作共生之前，最好能先学习相关技术，进行少量试养，待充分掌握技术之后，再大规模养殖。

3. 苗种来源风险

由于泥鳅养殖的利润丰厚，因此有些人就用一些养殖效益不好的或者是野生的苗种来冒充优质的或提纯的良种卖给养殖户，结果导致养殖户损失惨重。建议初次养殖泥鳅的养殖户，先用自培自育的苗种来养殖，再慢慢扩大养殖面积。这样养殖效果较好，可以有效地减少经济损失。

十一、降低稻鳅连作养殖成本的措施

稻鳅连作共生要赚钱，是所有种植户和养殖户的共同心声愿望。除了养出个体大、颜色艳丽、产量高的泥鳅外，科学管理、适当降低泥鳅的饲养成本也是提高养殖效益的重要措施之一。有效降低泥鳅养殖成本的措施主要包括以下几点：

（1）因地制宜，根据各地的具体气候和水域条件，充分利用现有的适合养殖泥鳅的稻田，减少田间工程量，节省建设投入。

（2）充分发挥肥料的作用，积极培肥水质，为泥鳅尤其是幼苗提供天然饵料。但是要控制肥料施用的质量和次数，确保水质适度，饵料丰富，但是也不宜过肥；否则，容易造成泥鳅缺氧，从而影响生长发育。

（3）合理饲喂，提高饲料利用率，积极发挥地方的天然饵料资源。刚下田时应及时给泥鳅幼苗投喂适合的饲料，如轮虫、小型浮游植物、熟蛋黄等。泥鳅能自己摄食水中微生物和动植物碎屑时，可将米糠、麸皮等植物粗粮与螺蚌、蚯蚓、黄粉虫等动物性饲料拌和投喂。可利用房前屋后大力培育蚯蚓、水蚤等活饵料。

（4）做好泥鳅病害的防治工作，尤其要注意预防鳅病。这样，一方面可以促使泥鳅健康成长；另一方面做好了疾病的预防工作，可以有效减少疾病所带来的损失。

十二、泥鳅养殖前景

古人云："天上斑鸠、地下泥鳅。"泥鳅不仅具有较高的营养价值，还具有较高的药用价值。总体来说，泥鳅市场需求量大，在国内外市场的前景广阔，主要表现在以下几个方面。

1. 泥鳅的人工养殖数量逐渐增加

泥鳅在各类水域中都有分布，在 20 世纪尤其是 90 年代以前，只要有水的地方，几乎都能看到泥鳅。在自然条件下，一般每亩*稻田可产泥鳅 2 千克。但近年来，由于过度捕捞（特别是电捕泥鳅的泛滥），大量施用对泥鳅有害的农药，耕作制度改变，越来越多的淡水资源遭到污染，因此天然水域和稻田里的泥鳅资源在逐年减少，有的区域已经几乎绝迹。与此同时，由于天然捕捞量逐年下降，而市场对泥鳅的需求量却逐渐上升，因此又加剧了对天然泥鳅资源的掠夺，由此形成恶性循环，对生态造成了极大的破坏。导致泥鳅的缺口非常大，这就给人工养殖泥鳅提供了机会。

2. 泥鳅的国内外市场供不应求

随着生活水平的提高和膳食结构的变化，人们越来越注重生活质量的提高。泥鳅的营养价值高，具有肉质细嫩、营养丰富等特点，是一种高蛋白、低脂肪的高档水产品。近年来国际市场对我国泥鳅的订单连年增加，尤其是日本、韩国、马来西亚的需求量较大，年需泥鳅几十万吨，港澳台市场也需求强劲。这些都导致泥鳅市场供求矛盾十分突出，呈现供不应求的状况。就目前我国的泥鳅产量来说，只依靠野生资源连国内的需求量都不够，因此现在泥鳅养殖的商机比较大。在未来数年内，泥鳅市场仍将保持供不应求的状态，市场空间巨大。

3. 养殖泥鳅并不难

泥鳅适应能力很强，在池塘、湖泊、河流、水库、稻田等各种淡水水域中都能生存、繁衍，养殖技术也不难学，而且投资养殖泥鳅可以从几百元到上万元。泥鳅的生长期短，适应性广，饲养回报高，且养殖方法简便，节省劳力，资金周转快。养殖户可以根据自身条件和稻田的具体生态条件，因地制宜地去养殖。只要做到科学管理，量力而行选择适合自己的养殖方式进行养殖都可能获得较高

---

　*　亩为非法定计量单位。1 亩≈666.67 米²。——编者注

的回报。

4. 泥鳅养殖的经济效益很高

泥鳅一年四季都能养殖、捕捞或囤养。日本农民采用水稻、泥鳅轮作制，每年秋季平均每100米²水面放养200千克泥鳅，大规模利用空闲稻田养殖泥鳅，投喂一些米糠、土豆渣、蔬菜渣等。经过一年可收获泥鳅400千克，而且养过泥鳅的稻田来年谷物产量更高。由此可见，泥鳅养殖具有明显的经济效益。

十三、泥鳅养殖发展迅速的原因

近十年来，泥鳅养殖在我国各地迅速发展，究其原因有如下几点：

（1）泥鳅的价格和价值正被国内外市场接受，人们生产的优质泥鳅成品在市场上不愁没有销路。

（2）泥鳅高效养殖的技术能够得到推广，许多地方将泥鳅养殖作为"科技下乡""科技赶集""科技兴渔""农村实用技术培训"的主要内容，同样也对泥鳅的养殖技术进行重点介绍，这些养殖与经营的一些关键技术已经被广大养殖户吸收。

（3）泥鳅高效养殖方式多样，既可以集团式的规模化养殖，也可以是千家万户的庭院式养殖；既可以在池塘或水泥池中饲养，也可以在大水面或稻田中饲养；既可以无土饲养；也可以有土饲养；既可以在网箱或池塘中精养，也可以在沟渠、塘坝、沼泽地中粗养；既可以常温养殖，也可以在大棚里进行反季节养殖。

（4）只要苗种来源好，饲养技术得当，养殖泥鳅可以实现当年投资、当年受益的目的，有助于资金的快速回笼。

（5）泥鳅的活性强，耐低氧能力非常强，而且其食性杂，食物来源广泛且易得，这些优良的特点决定了泥鳅能在多个场所进行养殖。因此，人们在进行水产品结构调整时，往往把泥鳅作为产业结构调整的首选品种。

十四、泥鳅养殖失败的原因分析

任何一种养殖都不可能是一帆风顺的，泥鳅的养殖也是一样，造成稻田里连作泥鳅养殖失败的原因主要有以下几个方面：

（1）没有泥鳅养殖的经验，看到别人养殖泥鳅赚钱，自己也跟风养殖，这样可能导致失败。

（2）没有科学地改造养鳅稻田，不遵循泥鳅的生活规律，随便找个稻田就开始养泥鳅，结果导致泥鳅在阴雨天或者在进水时逃跑。

（3）没有合适的苗种来源，通常在市场上随意乱购泥鳅苗，致使苗种的质量得不到保证，泥鳅被放养到稻田后大量死亡，从而造成巨大经济损失。

（4）不遵循泥鳅的生态习性或生病规律，在泥鳅生病后盲目用药或乱用药，导致泥鳅大量死亡。

（5）不知道如何科学地管理泥鳅，如不知道如何管理水质、不知道何时投喂、不知道投喂的量、不知道饲料的营养要求、不知道养鳅稻田的水位要求、不知道养鳅稻田的水体质量等，这种盲目的养殖是不可能获益的。

第二章

泥鳅的繁殖

随着自然界中的泥鳅被过量捕捞，加上泥鳅原有自然栖息场所日益恶化，泥鳅的天然资源遭到了破坏，自然产量大为减少。为了保证泥鳅的规模化养殖，泥鳅的繁殖就显得尤为重要。

第一节 泥鳅亲鱼的培育

一、泥鳅的繁殖特性

泥鳅属底栖小型经济鱼类，在自然条件下，2 龄时性成熟，开始产卵。泥鳅为多次性产卵鱼类，4 月上旬开始繁殖，5～6 月是产卵盛期。繁殖的水温为 18～30 ℃，最适水温为 22～28 ℃。尤其是当水温保持在 25 ℃左右时，产卵盛期可一直延续到 9 月。在自然繁殖状态下，雌鳅一次可产卵 200～300 粒，经过反复数次交配，才能产出它们腹内所有的成熟卵粒。一般来说，每尾泥鳅一般可产 2 000～5 000 粒成熟卵。

二、亲鳅的来源

亲鳅是泥鳅进行繁殖的基础，其来源通常包括以下三个途径：

（1）筛选自己培育的已达性成熟的成鳅　这种泥鳅在数量上和质量上都能够得到保障，无传染病危险，且怀卵量大，孵化率高，繁殖效果好。

（2）从集贸市场上购买性成熟的泥鳅　在选购这种泥鳅时，一定要了解它的捕捉途径，用网捕或冲水刺激上来的泥鳅才能用于繁殖，而用药捕、电捕等方法捕捞的泥鳅就不能用于繁殖。

（3）从自然界的沟塘中捕捉野生鳅　这类泥鳅没有经过驯化，野性比较强，有传染病危险，因此在繁殖前最好经过 2 个月左右的培育。此途径来源的泥鳅可以避免近亲繁殖。

三、雌雄亲鳅的鉴别

在泥鳅的生殖季节，泥鳅雌雄之间有许多不同特征。这就是通常所说的第二性征，可以通过以下几个方面来体现出来，当然在进行雌雄鉴别时也是用肉眼来鉴别以下：

（1）从体形上看　同等年龄的泥鳅，雄鳅头尖，较小，身长与尾端一样粗细，尾尖上翘，背鳍末端两侧有肉质突起；雌鳅头椭圆，较大，前身粗而尾端细，尾端圆平，背鳍末端正常，无肉质突起，产过卵的雌鳅腹鳍上方体身还有白色斑点的产卵记号，未产卵的则没有（彩图 3）。

（2）从胸鳍上来看　雄鳅胸鳍较大，第二鳍条最长，前端尖形，尖部向上翘起，呈镰刀状，最外侧 2～3 根鳍条末端略向上翻，胸鳍上有追星。雌鳅胸鳍较小，前端钝圆，呈扇形展开；末端圆滑，呈舌状（彩图 4）。

（3）从泥鳅的腹部来看　产卵前雄鳅腹部不肥大且较扁平；雌鳅腹部圆而肥大，且色泽变动略带透明黄的粉红色，这就是体腔里成熟的卵子。

（4）可以通过手来摸成熟泥鳅的胸鳍　一般来说，手摸上去有刺手的粗糙感，就是雄鳅；手摸上去光滑的就是雌鳅。

四、亲鳅的选择

亲鳅的选择很有讲究，必须达到一定的性成熟度才是最好的，它的主要选择的标准是：

（1）年龄的要求　要求年龄为 2～4 龄。

（2）身体的要求　要求亲鳅体形端正、色泽正常、体质健壮、各鳍完整、无伤无病、动作敏捷。

（3）个体大小的要求　雌鳅选择的是体长 10～15 厘米、体重 20 克以上的泥鳅；雄鳅略小于雌鳅就可以了，一般选择体长 8～12 厘米以上、体重 10～15 克的泥鳅。雌鳅个体大时怀卵量大，雄鳅个体大时精液多，繁育的鱼苗质量好，生长快。

（4）形态上的要求　成熟雌鳅的腹部肿胀膨大、柔软，富有弹性，明显向外突出。雌鳅腹部朝上，可看到明显的卵巢轮廓，隐约可见腹中卵粒，生殖孔圆形，外翻，呈粉红色，如果用手轻压腹部时就会有卵粒流出。未成熟的雌鳅腹部不肿胀，有比较明显的腹中线，有一凹槽。而成熟雄鳅的腹部则没有明显膨大的感觉，生殖孔狭长凹陷，呈暗红色，轻压腹部有乳白色精液流出（彩图 5 和彩图 6）。

（5）亲鳅的性比搭配　要求选择的亲鳅能满足正常的繁殖需要，在雌雄配比上达到 1∶3 的最佳配比。

五、亲鳅培育池的准备

每年 4 月底水温达到 18 ℃时，可以开始泥鳅的繁育准备工作。此时要准备培育池。亲鳅培育用水泥池或土池均可，要求水源充足，水质清新无污染，进、排水方便。一般要求面积在 30～50 米²，长方形水泥池，底铺 20 厘米厚黏土层，水深 1 米左右。进、排水口分设池两端，并安装防逃网或用拦鱼网罩拦好，以防泥鳅逃逸。放养前 15 天进行清塘消毒，每平方米施生石灰 100～200 克，全池泼洒。

六、亲鳅的放养

亲鳅放养密度不宜过大，以饲养 10～20 尾/米² 较好，雌雄比例为 1:(2~3)。亲鱼放养前先用 5% 左右的盐水进行消毒处理，然后放入池塘中培育。

七、亲鳅的培育

1. 水草投放

首先是池中可投入一些较高大的水草或旱草，以利遮阳、避光、肥水，增加水中的腐殖质。其次是在培育池中需要提前人工栽培一些柔韧性较好的水草，这些水草不仅可以为亲鳅诱来活饵料，为亲鳅提供卵子的附着场所；而且水草的光合作用可为亲鳅的生长发育提供充足的溶解氧，为亲鳅的嬉戏提供场所。

2. 加强投喂

泥鳅是杂食性鱼类，植物性饲料和动物性饲料均要投喂。培育亲鳅时，一定要加强人工饲料的投喂，尤其是要多投动物性饲料。常用的动物性饲料有水蚤、蚯蚓、蚕蛹、鱼粉等；常用的植物性饲料有米糠、麦麸、豆饼、花生饼、玉米粉、豆渣、酒糟等。每天的投饵量依天气、水温和水质的变化而不同。为了使泥鳅摄食均匀，最好在每天 9:00 和 15:00 时投饵 2~3 次，每次投喂以泥鳅在 1 小时内吃完为度。池中设饲料盘，饲料放置盘上，沉入水底，任泥鳅自由采食。投饵量一般为泥鳅总体重的 5% 左右。投饵要注意营养全面、平衡，动植物饲料搭配投喂时，要及时清除饲料盘中的残饵时再换入新饲料。每年春季 3 月下旬以后，要进行亲鱼的强化培育。在植物性饲料中要多加入些含蛋白质较多的物质，如鱼粉、碎鱼虾、动物内脏及下脚料等，以促使亲鱼的性腺发育。

3. 水质管理

在强化培育时期，更要注意水质的管理。培育池中要常更换新水，以保持水质良好，同时还有利于泥鳅性腺发育成熟。

第二节　泥鳅的繁殖

一、繁殖前的准备工作

泥鳅繁殖前的准备很重要，必须给其提供适宜的环境条件，为其产卵孵化做好各项准备工作，以保证亲鳅顺利产卵，提高鱼苗的成活率。

1. 产卵池的准备

既可采用家鱼人工繁殖用的产卵池，也可以选择一些较小的池塘、沟渠（水深保持在15~20厘米），另外也可用网片或竹篱笆围成3~10米^{2}的水面作为产卵场所，若能保持微流水则更佳。水泥池、大塑料盒、桶、水缸或其他容器也能作为产卵用设施。产卵池选择圆形环道结构形式，直径为3~4米，底部有多个与环道平行的纵向出水孔，中心上半部设置60目筛绢的出水过滤网，池深1米左右。所有的产卵场所使用前都要消毒，将水深控制在15厘米左右。用生石灰带水消毒，每立方米水体施生石灰15~20克；也可以用漂白粉消毒，每立方米水体施漂白粉4克。

2. 做好其他繁殖设备的检查工作

人工繁殖前还应检查孵化槽、水泵、管道等，发现问题及时修理。

3. 繁殖用药的准备

对人工繁殖时需备足如脑垂体激素、绒毛膜促性腺激素、促黄体素释放激素类似物等。对防止鱼病及消毒净化水质的硫酸铜、硫酸亚铁、青霉素等药物，要注意有效期。

4. 鱼巢的准备

鱼巢的要求：一是不易腐败、不能有毒、不能有有害成分，以免影响胚胎的正常发育；二是要柔软，能漂浮在水中，方便鱼卵附着；三是选用的材料要分枝多、纤维细密、质地柔软且蓬松。目前用于泥鳅鱼巢的材料比较多，常用的有冬青树嫩根、棕榈树皮、杨柳树须根、金鱼藻等水草，以及一些陆生草类（如稻草）等，近年来也有用柔软的绿色尼龙编织带织成宽 5 厘米、长 80 厘米的人工鱼巢。

不同的材料制成的鱼巢，其在制备方法有一定区别：

（1）用棕榈树皮制备鱼巢　方法是，先将棕榈树皮用清水洗净，主要是清除它表面上的污泥杂物；然后放在大锅中或蒸或煮 1 小时左右，目的是除掉棕榈皮内部含对鱼卵有害的单宁等物质，然后晒干备用。在制作时，先轻轻地用小锤锤打片刻；然后多扯动几次棕榈皮，让其充分松软，目的是增加卵的附着面积；最后把这些棕榈皮用细绳穿成串，一般按照 4~5 张棕榈皮为一束的大小捆扎成伞状。要注意的是不能将几张棕榈皮皱缩在一起，这样会减小鱼卵附着的有效面积。为预防孵化时发生水霉病，可将棕榈皮扎成的鱼巢放在 0.3% 福尔马林溶液中浸泡 20 分钟，或用 2% 浓度的食盐水浸泡 20~40 分钟，也可用高锰酸钾每立方米水体 20 克药化水浸泡 20 分钟左右，取出后再晒干待用。

（2）用杨柳树须根制备鱼巢　方法基本上与棕榈皮制备鱼巢一样。只是要将杨柳树须根的前端硬质部分敲烂，拉出纤维，树根的大小要搭配得当。为了方便取卵，可用细绳将树根捆扎成束，最后把它们固定在一根竹竿上，插入池中即可。冬青树嫩根的制备方法与之极为相似，可用漂白粉消毒，每立方米水体用 4 克药化水浸泡 20~30 分钟。

（3）用稻草制备鱼巢　方法是，先将稻草晒干；然后用干净的清水浸泡 8 小时左右，稍晾干至不滴水为宜；最后用小木槌轻轻锤打至松软，经过整理再扎成小束，每束以手抓一把为宜，再固定在竹竿上，插入水中即可。

（4）用水草制备鱼巢　一是要选好水草，水草的茎叶要发达，放在水中能够快速散开，可形成一大片伞状的鱼巢；二是水草要无毒；三是水草要适应泥鳅的生长需要；四是水草的茎要有一定的长度和韧性。根据生产实践，目前常用的水草有菹草、马来眼子菜、鱼腥草等。将水草采集后，用 20 毫克/升的高锰酸钾浸洗消毒 5 分钟，以杀死水草中可能附着的其他敌害生物的卵或其他病原体，然后捆扎成束或铺撒于水面。水草作为材料的鱼巢，一般每束鱼巢使用一次。如果在鱼苗孵出后，水草尚未腐烂则可用来投喂草鱼、鲂鱼等食用鱼。

值得注意的是，用棕榈树皮和杨柳树须根所制成的鱼巢，只要妥善保管，可使用多年。翌年再用时，仅洗净、晒干即可。注意当年使用结束后要及时用清水洗净，不要留下鱼腥味，以防止受到蚂蚁和老鼠的破坏。

另外，用于泥鳅繁殖的鱼巢设置也是有讲究的。根据生产实践，人工制作的鱼巢以布置在产卵池的背风处为好。为了方便观察和黏卵，还应以集中连片为好。目前常用的设置方法主要有两种，一种是悬吊式，另一种是平铺式。如果发现泥鳅大批产卵，鱼巢上已经布满了卵粒，就要根据情况立即取出，同时再另挂新鱼巢。

二、泥鳅的自然繁殖

这种繁殖方法比较简便，目前在部分地区也常常被使用。采用自然繁殖法来繁殖鳅苗时，最好设立产卵池和孵化池。大小没有一定要求，可根据繁殖需要而定。总体来说，面积不宜太大。可以是水泥池，也可以是土池，还可以用大型的水箱。建议用水泥池进行繁殖比较好，可控性更强。目前有一个比较好的办法可以解决泥鳅自然繁殖所需要的繁殖池和产卵池的问题，就是通过人工控制的方法，让泥鳅在稻田的田间沟里或中心沟里进行自然繁殖。这样不但可以有效地解决泥鳅苗种的来源问题，也降低了苗种的运输成本，提高了苗种成活率，是一个值得推广的好方法。

在每年开春后的 3 月，先按要求修整好亲鳅繁殖池，再按消毒要求用生石灰或漂白粉或茶枯对繁殖池进行消毒，消毒 3 天后注入新水。一般在 7 天左右，池水的药性基本消失。这时将雌雄亲鳅按雌雄比 1∶2 的比例放入池中，放养量要控制好，一般每平方米面积放 200 克左右即可。这时要加强投喂，并不时地冲换水对泥鳅进行性腺的刺激。泥鳅的自然繁殖期通常为每年的 5～8 月，最盛期为 5 月下旬至 6 月中下旬。当池水温度上升到 20 ℃左右时，培育好的亲鳅可能排卵，这时就要在池中放置已经处理好的鱼巢。放置鱼巢后要经常检查并清洗上面的污泥沉积物，以免泥鳅产卵时影响卵粒的黏附效果。

泥鳅喜欢在雷雨天或水温突然上升的天气产卵，具体到一天来说，则喜欢在早晨产卵。产卵前亲鱼会有明显的调情行为，就是雌鳅在前面慢慢游动，多活动在水表面和鱼巢的周围，数条雄鳅在雌鳅的后面紧紧追逐，而且追逐得越来越激烈，此时可见产卵池里的泥鳅上下翻滚；然后当雌雄亲鳅两情相悦时，雌雄亲鳅的头部和躯体相互摩擦并相继游出水面，这时雄鳅就会用身体缠绕雌鳅的前腹部位，刺激雌鳅产卵，同时雄鳅也排出精子，进行体外受精，这就完成了整个产卵及受精过程。这种自然产卵的动作因泥鳅个体大小不同而次数不等，个体大的可在 10 次以上。大多数泥鳅的自然产卵都是在 5:00 左右开始，群体交配行为会一直持续至 10:00 左右结束，每个个体的产卵过程需 20～30 分钟。受精卵先黏附在水草或其他附着物上，随着水的波动极易从附着物上脱落沉到水底。因此，在产卵后，要及时取出黏有卵粒的鱼巢另池孵化，一是防止亲鳅吞吃卵粒，二是防止亲鳅的运动造成卵粒脱落。同时补放新鱼巢，让未产卵的亲鱼继续产卵，直到全部雌鳅产卵结束。在利用土池作为产卵池时，一定要防止泥鳅受到蛇、蛙、鼠等的危害。

还有一种自然繁殖法也是生产上比较常用的，就是诱集繁殖法，这是在泥鳅人工繁殖没有取得突破前所用的最主要的繁殖方法之一。该法就是利用泥鳅的自然资源，人工诱集它们进行群体性产卵，从而获得大量受精卵。在繁殖季节选择一个比较安静的环境（此自然环境中要有充分的野生泥鳅资源），先在浅水区施放两筐草木灰，再按照每亩 400～500 千克的比例投放粪肥，最好是选用羊粪、牛粪、猪粪，也可以是鸡粪、鸭粪，最后在这个环境中放置一定的人工鱼巢（已经消毒处理好的），诱集泥鳅前来产卵。产卵结束后再将这些产卵巢收好，移入到另外的孵化池中进行专门的孵化。

三、泥鳅人工催产

1. 催产地点

选择成熟度较好的雌雄泥鳅后，就可进行人工催产，催产在水泥池中进行。水泥池要求面积 5 米^2，池深 0.8 米，注入水深 0.3 米，水为经暴晒的机井水，水温控制在 23～25 ℃。产卵池中设置用沸水煮过的棕榈树皮或水草做成的（产卵巢），并将产卵巢用竹竿固定在产卵池的中央。

2. 催情剂种类

泥鳅的人工繁殖方法与家鱼相同，也需要催情剂。泥鳅催情剂种类主要有鲤、鲫脑垂体、绒毛膜促性腺激素、地欧酮、促黄体素释放激素类似物等几种。

3. 注射方法和剂量

催产剂的注射方法可分为胸鳍基部体腔注射和背部肌内注射两种，一般采用胸鳍基部体腔注射。在胸鳍基部的凹入部，将针头朝泥鳅的头部方向与体轴成 45 度角，刺入体腔深度 0.2～0.3 厘米，溶剂注射量为 0.1～0.2 毫升。采用 1 毫升的注射器和 4 号针头注射，缓缓注入液体。泥鳅喜钻动，注射时可用湿纱布包着，但是要露出注射部位，以方便注射。注射时间一般选择在 19：00～20：00。

若仅用脑垂体，则雌鱼注射量为 14～16 毫克/千克；如果用促黄体素释放激素类似物，每尾雌鳅每克体重用 20～40 国际单位；如果用的是促黄体素释放激素类似物，则要求注射 5～10 微克/千克。雄鱼注射剂量为雌鱼注射剂量的一半。

四、泥鳅的人工授精

泥鳅人工授精的受精率较高，在缺少雄鱼时，使用此法较好，但须把握适宜的受精时间，否则会降低受精率。人工授精一般采用干法受精，干法受精时要保持"三干"，即容器干、鱼体干、手干。若采取人工授精，可将已注射催产剂的雌雄泥鳅分别暂养于挂有鱼巢的孵化池或网箱中，在水温为 20～25℃时，注射药物后 12 小时泥鳅可发情，这时可进行人工采卵授精。步骤是：①轻压雌鳅腹部有卵粒流出时，将卵子挤入器皿中；②将雄鱼的精液挤出，并用羽毛轻轻搅拌，使精卵充分混合；③加入少量清水，同时加入0.6%～0.7%的生理盐水；④将受精卵轻洒在鱼巢上，上巢后再转入到孵化池中孵化。

随机捕获几尾雄鳅，解剖后取出其精巢。正常的精巢是白色长带形，如果发现精巢呈串状或者是游离状，则说明精巢发育良好，可以用来繁殖。如果发现精巢呈薄带状，则说明不成熟的精子比较多，这些雄鳅还不能立即用于繁殖，需要进一步精心培育后方可用于以后的繁殖中。至于那些能挤出精液的雄泥鳅的鉴别则比较容易，成熟度好的雄泥鳅腹部扁平、不膨大，轻轻挤压会有乳白色精液从生殖孔流出，精液入水后能散开，用显微镜观察发现精子十分活跃。

成熟度好、怀卵量大的雌泥鳅表现为：腹部略带透亮的粉红色或黄色，膨大、柔软而饱满，生殖孔微红且开放。正确鉴别亲鳅的成熟度，对于及时进行人工繁殖、取得较高的孵化率具有重要意义，因此对亲鳅成熟度的鉴别非常重要。生产实践中的做法是：在亲鳅培育池中随机捕获一两尾亲鳅进行解剖取出其卵巢，这时可见卵巢内有卵粒存在。雌泥鳅卵的成熟度检查是：①成熟卵。轻轻挤压雌泥鳅的腹部，卵马上被排出，呈米黄色，且半透明、有黏着力，卵粒几乎游离在腹部的体腔中，说明鳅卵已经成熟，可以随时产卵。②不成熟卵。需要强压雌鳅的腹部才能排出，卵呈白色，且不透明、无黏着力，卵粒较小且紧紧包裹在卵腔中，说明这些卵粒还没有成熟，还不能立即挤卵，需要进一步精心培育后方可用于繁殖。③初期过熟卵。卵呈米黄色，且半透明、有黏着力，但受精 1小时内慢慢变成白色。④中期过熟卵。卵呈米黄色，且半透明，但动物极、植物极颜色白浊。⑤后期过熟卵。极部物质变为黄色液体，原生质变白。雌泥鳅卵巢发育不成熟或过度成熟都会使人工繁殖失败，要求最好达到正好成熟阶段。接近成熟阶段可用人工催熟。

五、亲鳅的怀卵量

总体来说，泥鳅的绝对怀卵量比较大，但其怀卵量的多少与泥鳅的个体大小、培育水平、饵料的优劣等有重要关系，在正常人工培育的条件下，绝对怀卵量与个体大小有明显的关系。但怀卵量有时相差也非常大，少的仅几百粒，多的达十几万粒。体长不超过10厘米的小亲鳅，其绝对怀卵量为 6 000～8 000 粒/尾；体长在 12～15 厘米的亲鳅，其绝对怀卵量为 10 000～12 000 粒/尾；体长在 15～20 厘米的亲鳅，其绝对怀卵量为 15 000～20 000 粒/尾；体长在 30 厘米的亲鳅，其绝对怀卵量约为 30 000 粒/尾，甚至能达到 40 000 粒/尾。

六、受精卵的孵化

泥鳅在繁殖过程中，受精卵的孵化很重要，其在室内或室外都可进行，有静水孵化和流水孵化。设备有孵化池、孵化网箱（可用集卵网箱）、孵化缸、孵化桶、孵化环道等，或就在产卵池内孵化。

1. 静水池塘孵化

将附有卵粒的鱼巢放在池中，密度要适宜。如果是静水池塘，则需要充气，要勤换水，每天换水 2 次，温差不超过 1～2 ℃，以保证孵化时所需的充足的溶解氧（彩图 7）。充气量大小与卵质密度有关，如鱼巢放置密度较稀、卵质好，则充气量小；反之，充气量要大。孵化放卵密度为每平方米 400 粒左右。孵化时孵化池上方要遮蔽阳光，以防鱼苗发生畸形。在水温 25 ℃左右时，约 30 小时可以孵化出膜。由于孵化时间较长，巢及卵上经常会沉附污泥，因此应经常轻晃清洗。孵化期间要保持水质清洁，透明度较大，含氧量高，肥水和混浊的水对孵化都不利。要注意防止受精卵挤压在一起，若发现受精卵相互挤压，要用搅水的方法或用吸管使之分离开来，以避免受精卵因缺氧而影响孵化率。孵化期间每天早晨要巡塘，发现池中有蛙卵时，应随时捞出。在如此精心管理下，泥鳅的孵化率一般可达80%左右。仔鱼出膜后3天，需立即清洗鱼巢，将仔鱼移入水质良好的池中暂养。仔鱼暂养时要投喂熟蛋黄，每10万尾鱼苗投喂一个蛋黄，上下午各投1次，蛋黄要用手捏碎经120目筛绢过滤后再投喂。第2天投喂前要清除残渣，并加入新水再投喂。仔鱼高密度暂养的时间一般为5天，以后可转入池塘中饲养。

2. 孵化缸孵化

孵化缸因具有结构简单、造价低、管理方便、孵化率较稳定等优点，使用较普遍。

孵化缸由进水管、出水管、缸体、滤水网罩等组成。缸体可用普通盛水容量为250～500千克的水缸改制，或用白铁皮、钢筋水泥、塑料等材料制成。水缸改造较经济，采用广泛。按缸内水流的状态，分抛缸（喷水式）和转缸（环流式）两种。对于抛缸，只要将原水缸的底部，用混凝土浇制成漏斗形，并在缸底中心接上短的进水管，紧贴缸口边缘装每厘米16～20目的尼龙筛绢制成的滤水网罩即成。用时水从进水管入缸，缸中水即呈喷泉状上翻，水经滤水网罩流出。鱼卵能在水流中充分翻滚，且均匀分布。如能在网罩外围，做一个溢水槽，槽的一端连接出水管，就能集中排走缸口溢水。放卵密度，抛缸一般比转缸高20%，每立方水体可放卵200万～250万粒。日常管理和出苗操作皆方便。对于转缸，在缸底装4～6根与缸壁成一定角度、各管成同一方向的进水管，管口装有用白铁皮制成的、形似鸭嘴的喷嘴，使水在缸内环流回转。使用转缸时，水是旋转的，排水管安装在缸底中心，并伸入水层中，顶部同样装有滤水网罩，滤出的水随管排出，放卵密度为每立方水体150万～200万粒。

3. 孵化桶孵化

孵化桶一般用铁皮制造，其大小应根据需要而定，一般以容水量200千克为宜，可放卵粒150万粒，上部用20目的筛绢制成（彩图8）。主要操作是调节水流速度和经常洗刷附着在筛绢上的污物和卵膜。

4. 孵化环道孵化

这是供生产规模较大单位选用的孵化设备，由进水系统、排水系统、环道、集苗池、滤水网闸等组成。环道有1～3道，以单道、双道常见。形状有椭圆形和圆形，以圆形为好。孵化环道的容水量，视生产规模而定，可根据每立方水体放卵100万～120万粒的密度，以及预计每批孵化的卵数，计算出所需要的水容量；再以环道的高和宽各为1米，反算出环道的直径。单环环道，内圈是排水道，外圈是放卵的环道。双环环道，有两圈可放鱼卵的环道，外环道比内环道高30～35厘米，以便外环道向内环道供水，但内环道仍装有进水管道与闸阀，又可直接进水，在内环道的内圈是排水道。三环环道，是再增加一道环道，其他与双环道类同。由于向内侧排水，故各环环道的内墙都装有可留卵排水的木框纱窗，数量随直径变化（通常按周长的1/8或1/16，装窗一扇）。有的环道，采取向外溢水的，则纱窗安装在外墙，所溢出的水从外墙的排水道流走。总的进水管和出水管，都在池底，以闸阀控制。每一环道的底部，有4～6个进水管的出口，出水口都装有形似鸭脚的喷嘴，各喷嘴需安装在同一水平、同一方向，以保证水流正常地不断流动。鱼卵在环道中，顺流不停地翻滚浮动。

5. 流水孵化

相对于静水孵化，用流水或微流水孵化，是把受精卵放在孵化缸、孵化箱或孵化环道中进行孵化。孵化密度，以每立方水体放卵1 000万～1 200万粒为宜。管理上，在鱼卵孵化期，因卵可忍受较大的水流冲力，且比重又较漂浮性卵大，因此需较大的水流才能保证鱼卵在水中充分翻滚。但速度不宜过大，以卵粒能翻上水面又分散下沉即可。出膜后能减少鱼苗对水流的冲力。

6. 管理工作

流水孵化主要有以下几方面的管理工作：

（1）做好孵化前的准备　孵化前，对流水孵化设备及各种附属装备，进行认真的检查，了解设备是否完整无损，安装是否牢固，进出水通畅与否，电机、水泵、沟渠能否正常运转等，并作必要的维修养护。放水前，孵化设备中的淤泥杂物应清除干净，然后洗刷和阳光暴晒。如遇急需进卵，洗刷后需用溴氰菊酯或高锰酸钾溶液消毒。孵化用水，一定要经每厘米 24～32 目的筛网过滤后才能引入环道，以防敌害、污物入内。

（2）掌握孵化中的合理放卵密度　前述的放卵量，仅是参考数，生产中具体的放卵数应根据每批卵的质量和水温等情况酌情增减。

（3）适时调节水流速度　水流是孵化漂浮性鱼卵的重要条件，一旦断水，鱼卵沉积，会造成缺氧死亡。因此，孵化的全过程，决不能发生停水事故。另外，水流速度的大小关系水中氧气含量的多少，直接影响孵化率的高低。给鱼卵提供充足的氧气，其才能正常发育。流速过小、供氧不足时，卵或苗都会窒息死亡；而过大的流速，会使卵在翻滚过程中与缸壁或环道壁摩擦，造成卵膜损伤或破裂，重则引起死亡。因此，水流既不能大，又不能小。流速的调节，要根据卵或苗的具体情况及胚胎的发育阶段，进行合理调控。

从水流调节来说，可将孵化全过程分成四个阶段，每个阶段的情况不同，对水流的要求也不同。孵化初期，只要求水流能把鱼卵冲起，鱼卵随水流缓缓浮动，不沉积在容器底部即可。孵化中期至脱膜前，因胚胎随发育要逐渐增大氧气的需要量，所以水流也要逐步增大，以保证氧气的供给。脱膜阶段，可适当降低流速。流速减慢后，脱下的卵膜易黏附在滤水筛网或窗纱上，此时必须勤清除，以防堵塞网眼，影响出水。脱膜后至出苗阶段，常又分成两期。初期，鱼苗活动力弱，只能侧卧，作间歇性地向上垂直游动；随后靠自由下沉，大部分时间都在水的下层。因此为防止鱼苗堆集水底而窒息死亡，应适当增大流速，使苗均匀分布和漂浮。但此时鱼苗的活动力弱，严防由于加大水流而使鱼苗被吸附在滤网或窗纱上，造成死亡。后期，即脱膜后2天左右，鱼苗的水平游动能力加强，流速可随鱼苗的生长而渐缓，不过要防止流速下降出现溶氧不足而闷死鱼苗的现象。综上所述，按发育阶段调控水流，使流速呈慢-快-慢-快-慢的方式交替变化。

（4）防止鱼卵提早脱膜　在一定的温度下，鱼卵的孵化时间经常是一定的。当卵膜质量差、孵化用水的水质不良时，鱼卵会比正常孵化提前5～6小时出膜，这称为提早出膜。捉早出膜，会出现大量畸形胚胎，造成死亡率增高。因此，在进卵后或估计有可能发生提早脱膜时，可采用高锰酸钾液处理胚胎，增加卵膜的坚固性与弹性，提高孵化率。处理的方法：取一定量的高锰酸钾，先溶于水中，然后暂时适当降低孵化水流的流速，把溶解好的药液放到孵化设备的底部，借助水流作用，使药均匀地散布在孵化用水中。高锰酸钾的浓度为5～10毫克/升，鱼卵在此浓度中浸泡1小时即可。经过处理的卵其卵膜增厚，孵化酶溶解卵膜的速度会变慢，孵出时间比正常时间往往推迟几小时。

（5）防止孵化水温发生剧烈变化　天气骤变会造成孵化水温大幅度变化，胚胎对温度剧变的适应性差，常引起大量畸形或死亡。因此，妥善安排生产时间，是避免灾害性天气影响的最佳选择。

（6）防止受精卵发生水霉病　预防方法是将黏附有卵粒的鱼巢放入漂白粉溶液（每立方米水体用药1～2克）中浸泡20～30分钟再孵化，同时捡出未受精卵（未受精卵会腐败，容易使水质恶化，可以用吸管将之吸除掉）。一般来说，未受精卵约经12小时后就变成白色，很易识别。

（7）防治敌害生物的侵袭　在孵化过程中，遭敌害生物侵袭的主要原因是，未经过滤或过滤不好的水，夹带了大型浮游动物，如剑水蚤等。它们进入孵化设备后，会不断积聚形成危害。自然产卵时，产卵池清整不彻底，致使收集的鱼卵中混入小虾、小杂鱼等有害生物。如不及时清除鱼卵中的碎卵或死卵或脱下的卵膜，也会给水霉菌的寄生提供机会。这些有害生物，或与卵争空间、争氧气，或直接吞食鱼卵，或寄生在卵上，因此一经发现，就要采取相应的措施，将其加以清除或控制。

对于大型浮游动物，除做好水源水的过滤工作外，可采取药物杀灭。常用药物有：0.3～0.5 毫克/升 90% 晶体敌百虫，1 毫克/升敌百虫粉剂和 0.5～1 毫克/升敌敌畏乳剂。这些都有灭杀作用，可任选一种。由于流水条件不同于静水，配制药物并保持一定浓度较困难，因此不易完全消灭浮游动物。至于寄生的水霉，可用溴氰菊酯溶于水中，使其达到 1/200 000～1/100 000 的浓度以抑制水霉生长，如严重时，间隔 6 小时再重复一次。

第三章

泥鳅的苗种培育

第一节　鳅苗培育

泥鳅苗种有两个概念，鳅苗培育是指将 5～6 毫米的水花经过 20 天左右的饲养，培育到体长 2～3 厘米供培育鱼种用；而鳅种培育是指将经过培育的体长达 3 厘米左右的泥鳅培养成 5～6 厘米，供成鳅放养用。

一、苗种培育的意义

利用专门的培育池对泥鳅进行苗种培育，主要是为了提高苗种的成活率，为成鳅的养殖提供更多、更好的符合要求的苗种。

有很多泥鳅养殖者都有这样的经验：无论是购买的野生鳅苗种还是人工繁殖的鳅苗种，有时在放养的 1 周内就会发生大批死亡的现象，导致重大经济损失。而且这些苗种的死亡很有规律，较小和较大的苗种特别容易死亡，而处于中等体长的苗种则活得较好。具体规格是：体长 1.5～2.5 厘米的小鳅苗死亡较少；体长 3～5 厘米的中等鳅种，放养后几乎没有死亡，显示出强大的生命力；而体长 8 厘米的大鳅种，放养后也会有部分死亡，尤其是放养操作不当时死亡会更多。

多位专家分析认为，这种死亡与泥鳅苗种特有的习性相关，这也就是进行苗种培育的重要原因。体长 1.5～2.5 厘米的小鳅苗，刚完成体形结构的变态发育，卵黄囊消失后，它们的营养也由外来的食物进行补充，也就是说小泥鳅进入了食性的转变阶段。这时它们对外界的环境适应能力还比较差，摄食能力也比较差。如果此时出塘放养，既不能充分捕食水体中的营养，同时也不能有效抵御敌害生物的侵袭，容易引起大量死亡。体长 3～5 厘米的中等规格鳅种，对外界环境的适应能力已明显加强，已能适应人工饲料，这种规格的鳅种已具钻泥习性，但钻泥不深，容易起捕，这时出塘放养比较理想。体长 8 厘米的大鳅种，对外界的适应能力很强，但是活动能力也很强，受惊吓后会钻入较深的泥土层，给起捕出塘造成困难，且捕捞过程中极易受伤，受伤后又易感染细菌而生病死亡。因此，苗种体长在 3～5 厘米时放养效果最好，成活率高，而且比大规格的鳅种还要便宜。

二、苗种培育场地的选择

养殖场所应建在水源充足，排水方便、能自灌自排，水质清新良好、无污染，避风向阳，环境安静，交通便利，供电正常的地方；池底土以黏土带腐殖质为最好，不宜使用沙质底。

三、泥鳅培育池的种类

最好采用专用泥鳅苗培育池，也可采用池塘里开挖的鱼沟、鱼溜或利用利用孵化池、孵化槽、产卵池及家鱼苗种池进行鳅苗培育。

池塘挖好后应把池壁和池底夯实，以防渗漏。泥鳅善钻洞逃逸，因而鳅池面积要小些，池面面积 200～500 米^2，不宜超过 1 000 米^2。池塘四周高出地面 30 厘米，池埂坡度 60°～70°，池深 60～90 厘米。进排水口用三合土建成，池底铺 30 厘米左右的厚塘泥，以培肥水质。池底最好开 50 厘米宽、200 厘米长、30 厘米深的浅沟若干，供泥鳅栖息、避暑防寒和捕捞之用。池中投放浮萍，覆盖面积约占总面积的 1/4。

四、培育池的修建

1. 防逃设施

土池的四周可用 50 厘米×50 厘米水泥板做护坡，用铁丝网、塑板、瓷板或尼龙网防逃，以防蛇、鼠等敌害进入养殖区。进、排水口分别用 120 目网布包裹，防止泥鳅逃跑及敌害生物和野杂鱼卵、苗种进入池塘。

2. 进水和排水设施

进、排水口呈对角线设置。进水口高出水面 20 厘米；排水口设在鱼溜底部，并用 PVC 管接上，高出水面 30 厘米，排水时可通过调节 PVC 管高度任意调节水位。进、排水口要筑防逃设施。

3. 鱼溜

为方便捕捞，池中应设置与排水底口相连的鱼溜，也就是收集泥鳅的坑。面积约为池底面积的 5‰，比池底深 30～50 厘米。鱼溜四壁可用木板围住，目的是不能被淤泥掩埋。

五、放养前的准备

1. 清塘

放养鱼苗前须对土池进行清塘处理，以杀灭细菌性病原体、寄生虫、对鱼不利的水生生物（青泥苔、水草）、水生昆虫和蝌蚪等，减少鳅苗病虫害发生和敌害生物的伤害。

池塘堤埂必须坚实，无渗漏缝眼，以防止幼苗逃出或其他鱼苗窜入池内。土池清塘前必须先修整池塘，在泥鳅放养前半个月，翻耕并清除过多淤泥，池底推平，夯实堤壁，修补裂缝，察洞堵漏，随后经阳光暴晒 1 周。清塘时按 60～75 千克/亩生石灰分放入小坑中，注水溶化成石灰浆水，将其均匀泼洒全池；再将石灰浆水与泥浆搅匀混合，以增强效果。翌日注入新水，7～10 天后即可放养泥鳅。用生石灰清塘，可清除病原菌和敌害，减少疾病；另外，还有澄清池水、增加池底通气条件、稳定水中酸碱度和改良土壤的作用。

用生石灰、漂白粉交替清塘（每亩用生石灰 75 千克、漂白粉 6～7 千克）比单独使用漂白粉或生石灰清塘的效果好。

2. 培肥水质

清塘后一个星期注入新水，注入的新水要过滤。加水至 30 厘米深时，施基肥来培养饵料生物，每 10 米^3 水体施入发酵鸡粪 3 千克、猪粪 5 千克、牛粪 5 千克、人粪 5 千克；也可以每立方米水体施入氮肥 7 克、磷肥 1 克。

鳅苗下水以前必须先用十来尾鳅苗试水，证实池水毒性完全消失后、透明度 15～20 厘米、水色变绿变浓后才能投放鳅苗。

六、鳅苗放养

1. 鳅苗来源

来源于国家级、省级良种场或专业性鱼类繁育场。外购鳅苗应检疫合格（彩图 9）。

2. 鳅苗的质量

鳅苗质量（彩图 10 至彩图 12）的优劣，可以从以下几方面来判别：

（1）了解该批苗繁殖中的受精率、孵化率 一般受精率、孵化率高的批次，鳅苗体质较好；受精率、孵化率较低的批次，鳅苗的体质也就弱一点，培育时的死亡率也会高一点。

（2）从鳅苗的体色与体型上来看 好的鳅苗体色鲜嫩，体型匀称、肥满，大小一致，游动活泼有精神；而体质较弱的鳅苗体色暗淡，体型较小、嘴尖、瘦弱，活动无力，常常靠边游动。

（3）人为检查 在孵化池中取少量鳅苗，放在白瓷盆中，盆中放孵化池里的水约 2 厘米，这时用嘴轻轻地吹动水面，观察鳅苗的游动情况。那些奋力顶风、逆水游动的，沥去水后在盆底剧烈挣扎，头尾弯曲厉害的，它们的活力就强，是优质苗；随水波被吹至盆边盆底的则挣扎力度弱。

3. 放苗前的处理

并不是鳅苗一孵化出后就能立即下塘。根据鳅苗的特性，鳅苗出膜第 2 天便开口进食；饲养 3～5 天，体长 7 毫米左右此时卵黄囊消失，它们必须营外源性营养。这时的鳅苗已经能自由平泳，可下池进入苗种培育阶段。鳅苗放养前，须先在同池网箱中内暂养半天，并喂 1～2 只蛋黄浆。向网箱内放入鳅苗时，温差不超过 3 ℃，并须在网箱的上风头轻轻放入。经过暂养的鳅苗方可放入池塘，以提高放养的成活率。

4. 放苗时间

泥鳅苗下塘时间为每年 5 月，放苗以 8：00～9：00 或 16：00～17：00 为宜，避免中午放苗。同一池应放同一批相同规格的鳅苗，以防大鳅吃小鳅，确保苗种均衡生长和提高成活率。

5. 放养量

鳅苗放养密度，在水深 30 厘米的静水池为 750～1 000 尾/米^2，有半流水条件的（如孵化池、孵化槽等）可放养 1 500～2 000 尾/米^2。

6. 注意事项

放苗时盛苗容器内的水温与池水水温差不能超过 3 ℃。如泥鳅苗种用尼龙袋充氧运输，则应在放苗下塘前作"缓苗"处理。将充氧尼龙袋置于池内 20 分钟，使充氧尼龙袋内外水温一致时，再把苗种缓缓放出（彩图 13 和彩图 14）。

七、鳅苗培育法

1. 豆浆培育法

在水温 25 ℃左右时，将黄豆浸泡 5～7 个小时（黄豆的 2 片子叶在中间微凹时出浆率最高），然后磨成浆。一般每 1.5 千克黄豆可磨 25 千克的豆浆。豆浆磨好后应立即滤出渣，并及时泼洒。不可搁置太久，以防产生沉淀，影响培育效果。

鳅苗下塘后的最初几天，即鳅苗从内源性营养转换到外源性营养的过程中能否及时摄食到适口的饵料是决定成活率的关键。豆浆可以直接被鱼苗摄食，但其大部分沉于池底作为肥料培养浮游动物，因此豆浆最好采取少量多次均匀泼洒的方法。泼洒时要求池面的每个角落都要泼到，以保证鳅苗吃食均匀。一般在 8：00～9：00、16：00～17：00 时各泼洒 1 次，每天泼洒 2～3 次。每次每亩用黄豆 3～4 千克，5 天后增至 5 千克，10 天后投喂量视池塘水质情况适当增加。

豆浆培育鳅苗方法简单，水质肥而稳定，夏花体质强壮，但消耗黄豆较多。一般育成全长 30 毫米左右的 1 万尾夏花，需消耗黄豆 7～8 千克。

2. 发酵粪肥培育法

利用各种发酵粪肥培育鱼苗时，粪肥最好预先经过发酵，滤去渣滓。这样既可以使肥效快速、稳定，又能减少鱼苗疾病的发生率。

鳅苗下塘后应每天施肥 1 次，每亩施肥 50～100 千克，将粪肥兑水后向池中均匀泼洒。培育期间施肥量和间隙时间必须视水质、天气和鳅苗浮头情况灵活掌握。培育鳅苗的池塘，水色以褐绿和油绿为好，以肥而带爽为宜。如水质过浓或鳅苗浮头时间长，则应适当减少施肥，并及时注水。如水质变黑或天气变化不正常时应特别注意，除及时注水外还应注意观察，防止泛池事故。

3. 有机肥料和豆浆混合培育法

这是一种使粪肥或大草和豆浆相结合的混合培育方法。其技术关键是：

（1）施足基肥 鳅苗下塘前 5～7 天，每亩施有机肥 250～300 千克，培育浮游生物。

（2）泼洒豆浆 鳅苗下塘后每天每亩泼洒 2～3 千克黄豆磨成的豆浆，下塘 10 天后鱼体长大需增投豆饼糊或其他精饲料。豆浆的泼洒量亦需相应增加。

（3）适时追肥 一般每 3～5 天追施有机肥 160～180 千克。

此种方法的优点是，使鳅苗下塘后既有适口的天然饵料，同时又辅助投喂人工饲料，使鳅苗一直处于快速生长状态。在饲肥利用上亦比较合理与适量，方法灵活，便于掌握，成本适当，因而被各地普遍使用。

八、投喂饲料

在用大豆、发酵粪肥等进行培养天然饵料或直接投喂鳅苗外，还必须对下塘后的鳅苗进行科学投喂。

刚下池的鳅苗，对饲料有较强的选择性，因而需培育轮虫、小型浮游植物等适口饵料，用 50 目标准筛过滤后，沿池边投喂；并适当投喂熟蛋黄水、鱼粉、奶粉、豆饼等精饲料。每天投喂 3～4 次，每次每万尾投喂 1/4 个蛋黄。10 天后鳅苗体长达到 1 厘米时，已可摄食水中昆虫、昆虫幼体和有机物碎屑等食物，可用煮熟的糠、麸、玉米粉、麦粉、豆浆等植物性饲料，拌和剁碎的鱼、虾、螺蚌肉等动物性饲料投喂，每日投喂 3～4 次，也可继续肥水养殖。

当鳅苗养到 1.5～2 厘米时，其呼吸由鳃呼吸逐步转为兼营肠呼吸。如果鳅苗吃食太饱，由于肠道充满食物，往往因呼吸不畅造成大批死亡，因此要采取两段饲养法：前期采取肥水与投饵交叉的方法；后期则以肥水为主，适当投喂动物性饵料，以利其肠呼吸功能的形成。同时，在饲料中逐步增加配合饲料的比例，使鳅苗逐渐适应人工配合饲料。饲料应投放在离池底 5 厘米左右的食台上，切忌撒投。初期日投饲量为鳅苗总体重的 2%～5%，后期为 8%～10%。日喂 2 次，每次投饵要使鳅种在 1 小时内吃完。泥鳅喜肥水，因此应及时追施肥料，可将鸡粪、鸭粪等有机肥用编织袋装入浸于水中；还可追施化肥，水温较低时可施硝酸铵，水温较高时可施尿素。平时应做好水质管理，及时加注新水，调节水质。

九、水质管理

鳅苗下塘时，池水以 50 厘米为宜。此时，要不断地调节水质，保持泥鳅养殖池良好水质的重要措施之一是加注新水。刚下池的鳅苗，水深通常保持在 40～50 厘米。鳅苗经过若干天饲养后，不断长大，应每隔 5～7 天加注 1～2 次新水，每次加水 5 厘米左右，以提高池塘水位。

注水的数量和次数，应根据具体情况灵活掌握，一般于喂食前或喂食后 2～3 小时加水。加水前要清除池埂内侧的杂草，保持池塘水色"肥、活、嫩、爽"，水色以黄绿色为佳，透明度以 20～30 厘米为佳。要注意的是，每次加水时间不宜过长，以防鳅苗长时间戏水而消耗能量。

增加池水的溶氧量，促使鳅苗生长发育，也是鳅苗培育过程中水质管理的一项重要内容。这是因为鳅苗在孵化后半个月左右即开始行肠呼吸以前，水中溶氧量必须充足。这时如果水中溶氧量不足，往往出现鳅苗因缺氧在一夜之间全部死亡的情况。

判断和控制水体中溶解氧最可靠的方法是观察鳅苗的活动情况。小苗出现缺氧时会从水底慢慢地游到水面；溶氧充足时小苗大部分在池底，而不会出现在水的中层和池壁上。因此要根据泥鳅苗的状态，采取间歇式的加氧方式。这种方式虽然能控制好鳅苗所需要的溶解氧，但太费时。

使用延时控制器也可控制好溶氧。它最大的好处就是设定好时间之后，可以让增氧机定时开、定时关。可以采用冰箱上的延时控制器，通过将冰箱延时控制器接入增氧机，从而控制增氧机的开关。延时控制器在市场上比较普遍，一般家电维修或者电器专卖店都有出售。

十、防暑与越冬

1. 防暑

鳅苗生长的适宜水温是 22～28 ℃，33 ℃以上时死亡率急剧增加，36 ℃时死亡率可达 70%以上。由于鳅苗培育时间接近盛暑期，因此在水温太高时，应注入新水和停止投饵，同时池上应搭凉棚以遮阳。

2. 越冬

冬季水温下降到 10 ℃时鱼种停食，水温下降到 5 ℃时鱼种进行冬眠，越冬池封冰前水深应保持在 1.5 米以上。鱼种的越冬密度为每立方米水体 0.75 千克。

十一、其他的管理

1. 加强巡塘

鳅苗培育期间，坚持每天早、中、晚各巡塘一次，观察泥鳅活动和水色变化情况，发现问题及时处理。第一次巡塘应在凌晨，如发现鳅苗群集在水池侧壁下部，并沿侧壁游到中上层（很少游到水面）时，这是池中缺氧的信号，应立即换水；午后的巡塘工作主要是查看鳅苗活动的情况，并清除池埂杂草；傍晚巡塘主要查水质，并作记录。

2. 定期预防病害

做好饵料投喂的科学性，要勤打扫、清洗饵料台，做好饲料台、工具等的消毒工作，定期投喂预防鱼病的药物。

3. 防敌害

鳅苗培育时期天敌很多，如野杂鱼、蜻蜓幼虫、水蜈蚣、水蛇、水老鼠等，特别是蜻蜓幼虫对鳅苗的危害最大。泥鳅繁殖季节与蜻蜓的相同，蜻蜓点水（产卵）后即大量取食鳅苗。防治方法主要依靠人工驱赶、捕捉。有条件的在水面搭网，既可达到阻隔蜻蜓在水面产卵，又起遮阳降温作用。同时在注水时应采用密网过滤，防止敌害进入池中。发现蛙及蛙卵也要及时捞除。由于青蛙是益虫，建议不要将蛙杀死，也不要将蛙卵捞出随便倒在塘埂上，这样会导致大量蛙卵的死亡。正确的方法是将捕捉的蛙和蛙卵用盆带水装好，送到另外的水池里或稻田里。

第二节　鳅种培育

当泥鳅苗经过一段时间的精心培育后，大部分长成了 3 厘米左右的夏花鱼种。这时就要及时进行分养，进入鳅种的培育阶段。这样做的目的主要是可以避免鳅种密度过大，出现生长差异。

一、培育池准备

鳅种培育池和鳅苗培育池基本是一样的，要预先做好清塘修整铺土工作，并施基肥，做到肥水下塘。只是面积可以略大一点，最大不宜超过 1 200 米²，水深保持 40～50 厘米。

培育池的清塘消毒不可忽视，一定在做好消毒工作，以杀灭病害。每 100 米² 用生石灰 10 千克兑水进行清塘消毒。方法是在池中挖几个浅坑，将生石灰倒入加水化开，趁热全池均匀泼洒。澄清一夜后，第 2 天用耙将塘泥与石灰耙匀，效果会更好。然后放水70 厘米左右，等 1 周左右药性消失后就可以放养鳅种了。

二、培肥水质

鳅种培育应采用肥水培育的方法。在鳅种放养 1 周前，适量施入有机肥料用以培育水质，生产活饵料。待生石灰药力消失后，放苗试水，1 天后无异常且轮虫密度达 4～5 只/毫升时，即可放苗。

鳅种培育期间，也需要根据水色适当追肥，来继续培肥水质。可采用腐熟的有机肥兑水泼浇；也可将有机肥在塘角沤制，使肥汁慢慢渗入水中；或可用麻袋或饲料袋装有机肥，浸于池中作为追肥，有机肥的用量为 0.5 千克/米² 左右。如池水太瘦，可用尿素追施（化肥应尽量控制使用），晴天 9:00～10:00 施用，方法是少量多次，以保持水色黄绿适当肥度。

三、鳅种放养

1. 鳅种质量

放养的夏花要求规格整齐、体质健壮、无病、无畸形，体长 3

厘米以上。外购泥鳅夏花经检疫合格后方可入池。

自己培育的夏花鳅种，也要在放养前进行拉网检查，判断其活力和质量。做法是：先用夏花渔网将泥鳅捕起，放到网箱中，再用泥鳅筛进行筛选。泥鳅筛长和宽均为 40 厘米、高 15 厘米，底部用硬木做栅条（栅条长 40 厘米、宽 1 厘米、高 2.5 厘米），四周以杉木板围成。也可用一定规格的网片做成，网片应选择柔软的材料加工。在操作时手脚要轻巧，避免伤苗。发觉鳅苗体质较差时，应立即放回强化饲养 2～3 天后再起捕。如果质量较好，活力很强，就可以准备放养。

如果是外来购进的鳅种，则更要进行质量检验。检验方法是：①将鳅种放在鱼桶中或水盆中，加入本塘的水，用手掌在水中用力搅动，使盆里的水成漩涡状。这时如果绝大部分鳅种能在漩涡边缘溯水游动且动作敏捷，那么其就是优质鳅种；如果绝大部分鳅种被卷入漩涡中央部位，随波逐流、流动无力，那么其就是弱种或劣质鳅种，不要购买。②将待选购鳅种放在白瓷盆中，盆中仅仅放 1 厘米左右的水，看鳅种在盆底的挣扎程度。扭动剧烈、头尾弯曲厉害，有时甚至能跳跃的为优质苗；贴在盆边或盆底，挣扎力度弱或仅以头、尾略扭动者为劣质苗，这时也不宜选购。

还有一点要注意：如果供种场家把你带到专门暂养鳅种的网箱边时，如果这里的网箱很多，则说明这些鳅种在网箱中暂养时间太久，它们会因营养供给不足而消瘦、体质下降。这种鳅种不宜作长途转运，也不宜购买。

在放养时一定要注意，同一池中的鳅种，它们的规格要整齐一致。

2. 放养密度

基肥施放后 7 天即可放养夏花。用土池培育鳅种时，一般放养密度为 200～300 尾/米^2 的泥鳅夏花；还可少量放养滤食性鱼类，如鲢、鳙。用水泥池培育鳅种的，放养密度为 500～800 尾/米^2。

夏花有流水条件的，放养密度可加倍。

四、饲养管理

1. 饲料

除用施肥的方法增加天然饵料外，还应投喂人工饵料，如鱼粉、鱼浆、动物内脏、蚕蛹、猪血（粉）、孑孓幼虫等动物性饲料，以及谷物、米糠、大豆粉、麸皮、蔬菜、豆腐渣、酱油粕等植物性饲料，以满足泥鳅生长所需要的营养和能量需求，促进泥鳅的健康生长。

在放养后的 10～15 天开始撒喂粉状配合饲料，几天之后将粉状配合饲料调成糊状定点投喂。要逐步增加配合饲料的比例，使鳅种完全过渡到能适应人工配合饲料。配合饲料中蛋白含量为 30%，人工配合饲料中动物性和植物性原料的比例为 7：3，用豆饼、菜饼、鱼粉（或蚕蛹粉）和血粉配成。水温升高到 25 ℃以上，饲料中动物性原料所占比例可提高到 80%。

2. 投饲量

日投饵量随水温高低而有变化。通常占池泥鳅总体重的 3%～10%，最多不超过 10%。水温 20～25 ℃及以下时，饲料的日投量为泥鳅体重的 2%～5%；水温 25～30 ℃时，日投量为在池泥鳅总体重的 5%～10%；水温 30 ℃以上或低于 12 ℃，则不喂或少喂。

3. 投饲方法

放养后实行"定质、定量、定时、定位"的投喂制度，将饵料搅拌成软块状，投放在食台中，把食台沉到离池底 3～5 厘米处，切忌散投。每天上、下午各投喂一次，上午投喂 30%、下午投喂 70%。经常观察泥鳅吃食情况，饵料以 1～2 小时内吃完为好。另外，还要根据天气变化情况，以及水质条件、水质、水温、饲料性质、摄食情况酌情适当调整投喂量。

五、其他的日常管理

经常清除池边杂草，检查防逃设施有无损坏，发现漏洞应及时抢修。每天观察泥鳅吃食情况及活动情况，发现鱼病及时治疗。定期测量池水透明度，通过加注新水或施追肥调节，保持透明度15～25厘米。定期泼洒生石灰，使池水中生石灰保持5～10毫克/升的浓度。

第四章

泥鳅的饲料

第一节 泥鳅饲料的种类

一、泥鳅饲料的来源

泥鳅饲料的来源，主要有以下几种途径：

（1）运用发酵的人粪、猪粪、牛粪、羊粪等，以及化肥通过培肥水体来增加水中有机物、藻类植物和轮虫、水蚤、水蚯蚓、孑孓、草履虫等的量。

（2）捕捞和采集适于泥鳅捕食的动物性活饵，如小鱼、小虾、田螺、蚯蚓、昆虫类和蜗牛等。

（3）广泛收集屠宰下脚料、农副产品加工下脚料、小杂鱼肉、豆渣、米糠、豆饼、菜粕、麦麸，以及幼嫩植物的茎、叶、种子等。

（4）人工专门培养泥鳅喜食的活饵料，如黄粉虫、蚯蚓、蛆虫、蚕蛹等。

（5）配制泥鳅专用全价饲料。

（6）利用昆虫的趋光性，晚上在泥鳅池内用黑光灯诱集昆虫，供泥鳅捕食。利用昆虫对鱼腥味、糖和酒味等特殊气味的趋向性，在饵料台等处安置内盛糖、酒和水混合液的小盆诱集昆虫。

二、泥鳅饲料的种类

1. 按类型分

有两大类，即天然饵料和人工饲料。

（1）天然饲料　是指浮游植物、浮游动物、底栖动物、水生植物等，如江河、湖泊、水库、池塘等一切水体中天然繁殖生长的各种饵料生物。

（2）人工饲料　是通过劳动取得的饲料的统称，包括人工培育的活饵料、人工配合颗粒饲料、人工捞取或捕捉的饵料等。既可用麦类、豆类等农作物其加工后的副产品作为泥鳅的饲料，也可专门培育或利用简易设施养殖各种活体饵料。

2. 按性质分

有三大类，即植物性饲料、动物性饲料和配合饲料。

（1）植物性饲料　主要有麦粉、玉米粉、麦麸、米糠、豆渣、叶菜类、菜饼、水草等。

（2）动物性饲料　主要有浮游动物，如原生动物、枝角类、水蚤、桡足类、摇蚊幼虫、轮虫等；活体饵料，如鱼粉、蚯蚓、丝蚯蚓、蚕蛹、黄粉虫、蝇蛆、螺、蚌和小鱼虾等；动物下脚料，如猪血、猪肝、猪肺、牛肝、牛肺等。

（3）配合饲料　指以上述饲料作为原料，按照泥鳅不同生长期对营养的需求设计配方，然后加工成不同规格、不同类型的，且适口性好、饲料转化率高的颗粒饲料，主要有粉状料、糖化发酵饲料、颗粒饲料、微囊颗粒浮性饲料。

第二节　颗粒饲料的配制

在规模化养殖泥鳅时，不可能总依靠天然饵料，必须准备配合饲料。除了在市场上购买颗粒饲料外，养殖户可以自行配制颗粒饲料，这对于降低养殖成本很有好处。

一、泥鳅饲料配方设计的原则

由于配合饲料是基于饲料配方基础上的加工产品，饲料配方设计得合理与否，直接影响质量与效益，因此，必须对饲料配方进行科学的设计。饲料配方设计必须遵循以下原则：

（一）营养原则

1. 以营养需要量标准为依据

根据泥鳅的生长阶段和生长速度选择适宜的营养需要量标准，并结合实际养殖效果确定日粮的营养浓度，至少要满足能量、蛋白质、钙、磷、食盐、赖氨酸和蛋氨酸等营养指标。同时要考虑到水温、饲养管理条件、饲料资源及质量、泥鳅健康状况等诸多因素的影响，对营养需要量标准灵活运用，合理调整。

2. 注意营养的全面和平衡

配制日粮时，不仅要考虑各营养物质的含量，还要考虑各营养素的全价性和平衡性。营养素的全价性即各营养物质之间（如能量与蛋白质、氨基酸与维生素、氨基酸与矿物质等），以及同类营养物质之间（如氨基酸与氨基酸、矿物质与矿物质）的相对平衡。因此，应注意饲料的多样化，尽量多用几种饲料原料进行配合，取长补短。这样有利于配制成营养全面的日粮，充分发挥各种饲料中蛋白质的互补作用，提高日粮的消化率和营养物质的利用率。

（二）经济原则

在泥鳅养殖生产中，饲料费用占很大比例，一般要占养殖总成本的 $70\% \sim 80\%$。在配制饲料时，必须结合泥鳅养殖的实际经验和当地自然条件，充分利用当地的饲料资源，制定出价格适宜的饲料配方。优选饲料配方要注意的是，既要保证营养能满足泥鳅的合理需要，又要保证生产出来的饲料具有价格上的优势，也就是性价比最优。也只有合理地选用饲料原料，正确地给出约束条件中的个限定值，才能实现配方的营养原则和经济原则。一般说来，利用本地饲料资源，可保证饲料来源充足，减少饲料运输费用，降低饲料生产成本。在配方设计时，可根据不同的养殖方式设计不同营养水平的饲料配方，最大限度地节省成本。

（三）卫生原则

在设计配方时，应充分考虑饲料的卫生安全要求，所用的饲料原料应无毒、无害、未发霉、无污染，禁止使用严重发霉变质的饲料。在饲料原料中，如玉米、米糠、花生饼、棉仁饼因脂肪含量高，容易发霉感染黄曲霉并产生黄曲霉毒素，损害泥鳅的肝脏，因此应特别注意。

（四）安全原则

安全性是指依所设计的添加剂预混料配方生产出来的产品，在饲养实践中必须安全可靠。所选用原料品质必须符合国家有关标准的规定，有毒有害物质含量不得超出允许限度；不影响饲料的适口性；长期使用不产生急性、慢性毒害等不良影响；泥鳅上市时体内的药物残留量不能超过规定标准，不得影响人体健康；不导致泥鳅亲鱼生殖生理的改变或繁殖性能的损伤；维生素含量等不得低于产品标签标明的含量及超过有效期限。

（五）生理原则

配制饲料时，所选用的饲料原料还应适合泥鳅的食欲和消化生理特点，因此要考虑饲料原料的适口性、容积、调养性和消化性等。

（六）优选配方步骤

优选饲料配方主要步骤是：①确定饲料原料种类；②确定营养指标；③查营养成分表；④确定饲料用量范围；⑤查饲料原料价格；⑥建立线性规划模型并计算结果；⑦得到一个最优化的饲料配方。

二、泥鳅饲料原料的选择要求

为配制出高品质的配合饲料，在选择配合饲料的原料时应注意以下几个问题：

1. 饲料原料的营养价值

在配合饲料时必须详细了解各类饲料原料营养成分的含量，有条件时应进行实际测定。

2. 饲料原料的特性

配制饲料时还要注意饲料原料的有关特性，如适口性、饲料中有毒有害成分的含量、有无霉变、来源是否充足、价格是否合理等。

3. 饲料的组成

饲料的组成应坚持多样化的原则，这样可以发挥各种饲料原料之间的营养互补作用，如目前提倡豆饼、菜饼、花生饼、芝麻饼、茶饼等多饼配合使用，以保证营养物质的完全平衡，提高饲料的利用率。

4. 其他特殊要求

原料的选择要考虑水产饲料的特殊要求，考虑其在水中的稳定性，须选用α-淀粉、谷朊粉等。

三、制作泥鳅配合饲料的原料

泥鳅配合饲料的原料与其他鱼、畜禽的大致相同，一般包括四个方面。

1. 能量饲料

能量饲料在日粮中的含量一般为 50% 以上，因此能量饲料的营养特性显著影响配合饲料的质量。各种饲料所含的有效能量不一，主要决定于粗纤维含量。饲料分类的依据是干物质中粗蛋白质含量低于 20%（不包括 20%）、粗纤维含量低于 18%（不包括 18%）的为能量饲料。

目前，常用的能量饲料主要是谷实类，如玉米、稻谷、大麦、小麦、燕麦、粟谷、高粱及其加工副产品。其他一些能量饲料，如块根、块茎、瓜果类在鱼用配合饲料中不常用。

2. 蛋白质饲料

常见的蛋白质饲料有黄豆、豌豆、蚕豆、杂豆、豆饼、棉仁饼、菜籽饼、芝麻饼、花生饼等。另一类比较优质的动物蛋白饲料是鱼粉、骨肉粉、虾粉、蚕蛹粉、肝粉、蛋粉、血粉等。蛋白质分解之后变成氨基酸，氨基酸添加剂是蛋白质的营养强化剂。

3. 粗饲料

干物质中粗纤维含量在 18％以上的饲料都属于粗饲料。主要是作物的秸秆、藤叶、秕壳、干草，尤其是豆科的藤叶、秸秆是营养价值较好的一类粗饲料。

4. 添加剂

添加剂一般分为以下四类：

（1）矿物质添加剂　包括常量元素和微量元素。一般植物性饲料中缺乏钙、磷、氯、钠，可用食盐补充。滑石粉、蛋壳粉、贝壳粉、骨粉、脱氟磷矿粉都含有钙和磷。目前饲料中缺乏微量元素，但添加之后在养殖生产中能发挥作用的有铁、锌、铜、锰、钴等。在配合饲料中选配哪几种矿物质和微量元素及其使用比例，与所产饲料原料的地区性关系很大。如有的地区缺铜，而有的地区缺锌，配料时应了解其在饲料中的含量，再按饲养标准确定添加的种类和数量。

（2）氨基酸添加剂　泥鳅所需的氨基酸有十多种，最主要的有赖氨酸、蛋氨酸和色氨酸。作为饲料添加剂用的氨基酸工业产品有 DL-蛋氨酸、盐酸 L-赖氨酸、甘氨酸、谷氨酸钠、L-色氨酸等。饲料中氨基酸的含量差别很大，很难规定一个统一的添加比例，目前一般添加量占饲料总重量的 0.1％～0.3％。具体添加比例，要根据饲料中的营养浓度和饲养实践来确定。

（3）维生素添加剂　目前可作为饲料用的维生素添加剂主要有：维生素 A 粉末、维生素 A 油、维生素 D_2 油、维生素 E 粉末、维生素 E 油、维生素 K 粉末、维生素 B_1、维生素 B_2、维生素 B_6、烟酸、泛酸、氯化胆碱等。

（4）非营养性添加剂　包括激素、抗生素、抗寄生虫药物、人工合成抗氧化剂、防霉剂等，使用时严格按生产厂家说明书添加。要注意的是，一种饲料中不得同时加入任何同效的两种添加剂。

四、饲料配方设计的方法

饲料配方计算技术是动物营养学、饲料科学同数学与计算机科学相结合的产物。它是实现饲料合理搭配，获得高效益、降低成本的重要手段，是发展配合饲料、实现养殖业现代化的一项基础工作。常用的计算饲料配方的方法有：试差法、对角线法、连立方程法和计算机法，使用时各有利弊。

五、饲料配方举例

根据笔者的试验，泥鳅的颗粒饲料要求粗蛋白含量在 28%～38%。通常用来喂养泥鳅的配合饲料可分为三种规格，一种规格为 3～6 厘米的鳅苗使用，一种规格为 6～10 厘米的中泥鳅使用，还有一种规格为 10～15 厘米的成鳅使用。三种规格的饲料不仅颗粒大小不同，其中蛋白质的含量也不同。鳅苗使用的饲料中要求蛋白质含量高一些，成鳅使用的饲料中要求蛋白质含量低一些。

泥鳅人工配合饵料配方如下（仅供参考）：

配方一（%）：鱼粉 10～20、豆饼粉 20～35、小麦粉 15～18、菜饼粉 8～15、米糠粉 5～8、龙虾粉 5～8、鸡肠粉 2～4、鱼用生长素 1～1.4、血粉 5～8、蚕蛹粉 4～7、无机盐 0.1～0.5，所述的百分比为重量百分比。

配方二（%）：鱼粉 15、豆粕 20、菜籽饼 20、四号粉 30、米糠 12、添加剂 3。

配方三（%）：麦麸 42、豆粕 20、棉粕 10、鱼粉 15、血粉 10、酵母粉 3。

配方四（%）：麦麸 48、豆粕 20、棉粕 10、鱼粉 12、血粉 7、酵母粉 3。

配方五（%）：麦麸 50、豆粕 20、棉粕 10、鱼粉 10、血粉 7、酵母粉 3。

配方六（%）：小麦粉 50、豆饼粉 20、菜饼粉 10（或米糠粉 10）、鱼粉 10（或蚕蛹粉 10）、血粉 7、酵母粉 3。

配方七（%）：肉粉 20、白菜叶 10、豆饼粉 10、米糠 50、螺壳粉 2、蚯蚓粉 8。

配方八（％）：血粉 20、花生饼 40、麦麸 12、大麦粉 10、豆饼 15、无机盐 2、维生素添加剂 1。

配方九（％）：豆饼 40、菜籽饼 5、鱼粉 10、血粉 5、麦麸 30、苜蓿粉 10。

配方十（％）：小杂鱼 50、花生饼 25、饲用酵母粉 2、麦麸 10、小麦粉 13。

六、饲料加工

饲料加工是指将饲料原料充分粉碎、混合后制作成具有一定的物理形状的生产过程。加工方法有机械加工和半机械加工等多种。一般饲料成品有粉状和颗粒状两种。颗粒制粒方法有压力法和膨化法。

生产上，用作泥鳅的饲料一般制作成湿软颗粒状或面团状，这两种形状的饲料对泥鳅都有较好的适口性。为使泥鳅能够有效摄食和减轻水质污染，泥鳅饲料最好加工成可在水中有一定稳定时间的颗粒。

湿软颗粒饲料或半干颗粒饲料的制作方法是在干的经粉碎的原料中加入水和某种亲水胶体黏合剂，如羧、甲基纤维素、α-淀粉或苜蓿粉，再混合制成柔软的湿颗粒。湿颗粒饲料的优点是对泥鳅的适口性好，加工设备简单，不需要加热设备和干燥设备等。但缺点是易变质，如不立即投喂或冷冻保存，很容易受微生物污染或被氧化。制作湿颗粒饲料的某些原料应进行消毒处理，使可能存在的病原体和硫胺素酶失活。如无冷冻条件，可在湿颗粒饲料中加入丙烯乙二醇之类的致湿剂，可以降低水的活性使微生物无法生存；或加入丙酸、山梨酸之类的防霉剂，以抑制霉菌的生长。一般情况下，湿颗粒饲料都应在密封状态下低温贮存，以防变质。制作泥鳅湿软颗粒饲料时，水的适宜加入量为 30％～40％。

七、影响配合饲料质量的因素

影响配合饲料的因素有很多，概括起来主要有以下几个方面：

1. 饲料原料

饲料原料是保证饲料质量的重要环节，劣质原料不可能加工出优质配合饲料，为了降低饲料成本而采购价廉而质次的原料是不可取的。

2. 配合饲料配方

饲料配方的科学设计是保证饲料质量的关键。配方设计不科学、不合理就不可能生产出质量好的配合饲料。

3. 饲料加工

配合饲料的加工与质量关系极为密切。仅有科学的配方、好的原料，如加工过程不合理也不能生产出好的配合饲料。在加工过程中影响饲料质量的因素有：粉碎粒度是否够细，称量是否准确，混合是否均匀，除杂是否完全，蒸汽调质的温度、压力是否适宜，造粒是否压紧，颗粒大小是否合适，熟化温度及时间是否科学等。

4. 饲料原料和成品的贮藏

在运输、贮藏饲料原料和成品时决不能掉以轻心，必须采取有力措施，加强管理以保证其质量。

第三节　泥鳅活饵料的培育

一、培育活饵料的意义

活饵料对泥鳅的养殖十分重要，粗放式的泥鳅套养主要依靠天然饵料生物来进行增养殖。在稻鳅连作共作精准种养时，这些活饵料也是解决泥鳅养殖，尤其是种苗培育阶段所需饵料的一个重要来源。因此，培育活饵料对养殖泥鳅具有重要意义，主要体现在以下几个方面：

1. 重要的蛋白来源

据测定，光合细菌、螺旋藻、轮虫、桡足类、黄粉虫、蝇蛆、蚯蚓中的蛋白质含量相当高，分别为 65.5%、58.5%～71%、56.8%、59.8%、64%、54%～62%、53.5%～65%。而且各营养成分平衡，氨基酸组分合理，含有全部的必需氨基酸，是泥鳅养殖中最主要的优质蛋白源之一。

2. 促进泥鳅的生长发育和防病

光合细菌、蚯蚓、水蚤、螺旋藻等，不但营养价值高，容易被消化吸收，而且对稻田养殖的泥鳅有促进生长发育和防病作用。

3. 驯养野生泥鳅的效果好

活饵料的体内均含有特殊的气味，驯养野生泥鳅的效果极佳，而且易消化。在稻田养殖时，常使用蚯蚓粉拌饵投喂法来驯化从野外捕捉的泥鳅。当闻到这些活饵料特有的气味后，野生泥鳅会集群抢食。

4. 适口性好

在卵黄囊消失后，泥鳅幼体在开始摄食时，只能摄取几微米到十几微米大小的饵料。而如此微小的饵料颗粒，以目前的技术水平还难以大规模用人工饵料来完全取代，因此可以培养大小合适的生物饵料种类来满足幼体开口摄食的要求。例如，泥鳅鱼苗的口径为 $0.22\sim0.29$ 毫米，它们适口食物的大小应为 $0.16\sim0.43$ 毫米。而轮虫的个体大小一般为 $0.16\sim0.23$ 毫米，完全符合各种鳅苗对适口食物的需要。另外，枝角类个体大小为 $0.6\sim1.6$ 毫米、桡足类个体大小为 $0.8\sim2.5$ 毫米，这些都是鳅苗培育后期的良好活饵料。因此在泥鳅苗种培育和成鱼养殖中，常采用"肥水下塘"，实际上就是利用发酵农家肥来培肥水质即培养大量的适口活饵料——轮虫、枝角类和桡足类供鱼苗食用。

5. 改善稻田水质

饵料生物是活的生物，在水中能正常生活，优化水质。例如，单细胞藻类能在水中进行光合作用，放出氧气；光合细菌和单细胞藻类都能降解水中的富营养化物质，改善水质。

6. 养殖的泥鳅风味好

用蚯蚓和水蚤喂养出来的泥鳅，不仅体色更加有光泽，而且其肉质细嫩、洁白，口感极佳，肥而不腻。不仅比用人工饲料强化喂养的泥鳅外观、口感都好得多，而且没有特殊的泥土味，深受消费者的青睐。

二、光合细菌的培养

1. 光合细菌在泥鳅养殖中的意义

光合细菌，是地球上最古老的具有原始光能合成体系的原核生物，是一类在厌氧条件下进行光合作用且不产生氧气的一类细菌的总称。经过研究，人们发现了光合细菌的菌体对家禽、家畜及鱼、虾、蟹、鳅、贝幼体具有明显的促进生长和提高成活率的作用，从而为光合细菌菌体的综合利用开拓了新的领域。现在，光合细菌作为一种具有特殊营养、促生长、抗病因子和高效率净化养殖污水，以及对环境和水产动物无毒无害的特殊细菌受到了人们的普遍重视，在水产养殖中被广泛应用，在泥鳅养殖中也被人们日益重视。

光合细菌在泥鳅养殖中的优点如下：

（1）光合细菌个体小、繁殖快、适应性强、代谢方式多样，菌体细胞中含有丰富的营养成分，是一类极具开发潜力的有益微生物，在泥鳅养殖业中具有广阔的应用前景。

（2）光合细菌能够有效利用环境中的无机物、小分子有机物。在一定条件下，通过光合作用的生长繁殖，即通过其生命活动可将废弃的甚至有害的物质转化为具有多种营养价值的菌体，这对当今污染严重、生态恶化的养殖环境来说无疑是非常有意义的。

（3）光合细菌菌体无毒无害，营养价值极高，蛋白质含量占菌体干物质总量的 60％以上。B 族维生素含量丰富，种类齐全，尤其是作为生物体内具有重要生理活性物质的辅酶 Q 的含量远远超过其他生物的含量，而辅酶 Q 是免疫增强物质，可以提高泥鳅肌体抗病力。同时，光合细菌还含有未知生长因子。

（4）与异养发酵菌相比较光合细菌，所需营养物质简单，培养周期较短，培养方式简单。这样能大大降低生产成本，更有利于推广应用。

（5）光合细菌在泥鳅养殖中具有净化水质、增加溶氧、提高养殖密度、促进生长、缩短养殖周期、增加免疫防治病害、提高成活率等作用。

2. 光合细菌的培养方式

大量培养光合细菌，目前主要采取两种方法：开放式微气光照培养和封闭式厌气光照培养。这两种方法相比较，以封闭式厌气培养方式比较理想。微气培养方式虽然设备比较简单，易于大量生产，但杂菌污染程度大，培养达到的菌体密度低。

（1）开放式微气光照培养　以 100～200 升容量的塑料桶或 500 升容量的卤虫孵化桶为培养容器，桶底装气石，提供微弱充气。以白炽灯作为光源，提供 2 000 勒克斯左右光照。容器、培养基消毒后按 1∶（1～4）的值接种，在适温下经 7～10 天培养达到生长高峰。

（2）封闭式厌气光照培养　无色透明的玻璃容器或塑料薄膜袋，经消毒处理，装入消毒后的培养基，按 1∶（1～4）接种。在厌气环境、适宜的温度条件下，利用阳光或人工光源照射进行培养，并定时进行人工搅动。一般经 5～10 天的培养即达到生长高峰，此时可采收或扩养。

3. 光合细菌的培养方法

（1）培养容器、工具的消毒处理　光合细菌大量培养时所用的培养容器大多为 10 000～20 000 毫升的细口瓶、塑料薄膜袋或塑料水槽。这些培养容器既不宜用高压蒸汽灭菌，也不宜用高温烘箱灭菌，在生产上只能用化学物品进行消毒处理，如利用高锰酸钾溶液浸泡或次氯酸钠浸洗。

（2）培养基的配制

① 培养基的配方：培养光合细菌首先应选择一个能基本满足培养菌种的生理生态特性和营养需求、经过培养实践证明效果比较理想的配方。

② 配制培养基的用水：配制培养基的用水，根据淡水种和海水种的不同而有一定的差异。如果培养的光合细菌是淡水种，菌种培养可用自来水或井水配制；如果培养的光合细菌是海水种，则用天然海水或人工海水配制。用天然海水配制培养基，可免加钙盐，

如六水氯化钙（$CaCl_2 \cdot 6H_2O$）、二水氯化钙（$CaCl_2 \cdot 2H_2O$），镁盐，如七水硫酸镁（$Mg\ SO_4 \cdot 7H_2O$）。另外，在海水中加入磷元素时不能用磷酸氢二钾（K_2HPO_4），应该用磷酸二氢钾（KH_2PO_4），不然会产生大量沉淀。

③ 配制：配制培养基的基本步骤是按配方把各种成分逐一称量、溶解、混合，配成直接用的培养基；也可以把部分组分配成母液，使用比较方便。目前进行光合细菌大量培养的培养基的来源主要有两种。一种是用各种营养成分的化学试剂人工配制的培养基。这种培养基的配制方法与培养菌种的培养基相同。另一种是在含大量有机物的各种废水中，适当补加某些营养成分，作为培养基。用含大量有机物的废水作培养基，应先把废水的 pH 调节到 7 左右，大量通气，使好气性异养细菌大量繁殖，将废水中的大量有机物分子分解成低分子有机物，然后煮沸消毒，再补加某些营养成分。

④ 灭菌和消毒：菌种培养用的培养基应连同培养容器用高压蒸汽灭菌锅消毒灭菌。小型生产性培养用时可把配好的培养液用普通铝锅煮沸消毒；大型生产性培养用时则先把培养用水经次氯酸钠处理后，再加入配方成分，充分溶解后即可。

（3）接种　培养基配制消毒后，应立即进行接种。要求菌种的质量要好，应处于指数生长期。接种前应仔细镜检，菌种不能有污染。光合细菌大量培养时接种量要大，一般应达到 1∶2，最好能达到 1∶1。尤其是微气培养接种量应高些，即 1 份菌种接种于 2 份培养基中。接种量大，光合细菌一开始就占有绝对优势，可以抑制杂菌的生长；同时参与繁殖的细胞数量多，增殖速度快，有利于提高产量和质量。

（4）日常管理　为了达到培养的高产目的，必须为培养的光合细菌提供最适宜的生态环境；同时，光合细菌在增殖过程中，生态环境又是不断变化的，主要的变化是菌液的透光性变差和 pH 升高，因此要调整到适宜或最适状态，这些都是通过日常管理来完成。日常管理的主要内容包括以下几个方面。

① 搅拌：搅拌的作用有两个：一个是使光合细菌在培养基中

分布均匀；另一个是使光合细菌经常变换位置，尤其是帮助沉淀的光合细菌上浮，接受光照，从而使每个细菌受光相对均匀，保持良好的生长状态。因此，搅拌是光合细菌培养中不可忽视的一项管理措施。

② 调节温度：光合细菌对温度的适应范围很广，一般在 20～39 ℃的均能正常生长繁殖。因此，光合细菌的大量培养不一定要求恒温，如果一天中的温度变化在适温范围内，可以在常温下进行培育。但在日常管理中也要注意温度问题，并作适当的调节。如果温度偏低，可以把培养容器放在箱子里，利用白炽灯散发的热量提高箱内温度，并根据需要，调整箱子的密封程度来达到调节温度的目的；如果温度过高，可开窗通风或用电风扇降温。对于经常培养的淡水用菌种沼泽红假单胞菌，其最适培养温度为 28～32 ℃。

③ 调节 pH：随着光合细菌的增殖，菌液的 pH 不断上升。这是光合细菌大量增殖的结果，也是光合细菌生长繁殖正常的标志。但是 pH 上升到一定高度超越最适范围甚至超越光合细菌生长的适宜范围时，说明生长已到顶峰，光合细菌随即增殖缓慢或不再增殖。因此，菌液的 pH 升高是限制光合细菌增殖的一个主要因素，调节的方法是通过加酸的办法来降低菌液的酸碱度。常用酸，如醋酸、乳酸和盐酸均可，最常用的是醋酸，也可通过采收或再接种扩大培养的措施调节 pH。

④ 调节光照强度：培养光合细菌需要连续进行照明。白天应尽量利用自然光，以节约能源；晚间则需人工光源照明或完全用人工光源培养。人工光源可以用白炽灯泡，对于大量培养时，用碘钨灯更经济，白天自然光照不足时也要用人工光源进行及时补充。在光合细菌大量培养时，由于培养容器大，光通过菌液衰减比较严重，菌液表层和深层的光照强度相差可能较大，故应适当增加光照强度，可以增加到 2 000～5 000 勒克斯；如果厌氧条件控制得好，光合细菌生长繁殖得快，密度高，光照强度还可以提高到 5 000～10 000 勒克斯，增加光照度后，要适当增加搅拌次数。调节光照强

度可以通过调节培养容器与光源的距离或使用可控电源箱来调节。

（5）收获　光合细菌的生长曲线呈"S"形，即增殖最快的是指数生长期，同时在指数生长期其质量也最好。指数生长期之后，虽然数量还在缓慢生长，但质量已明显下降。因此，收获光合细菌最好选择在指数生长期之末。

4. 光合细菌在泥鳅养殖中的使用方法

选择正确的使用方法是保证光合细菌使用效果的前提条件。光合细菌在泥鳅养殖上的应用方法主要有以下几种：

（1）用于净化水质的使用方法　光合细菌作为养殖水质净化剂，目前国内外均已进入生产性应用阶段。一般是将光合细菌与20倍左右的水混合后全池泼洒，并在投饵区等重污染区域加大使用量和使用次数。由于光合细菌是靠其在生长繁殖过程中利用有机物、铵盐等来净化水质的，因此只有当数量达到一定规模时，净化效果才比较明显。光合细菌对水质的净化过程需要较长的时间，不像化学药剂来得那么快。在实际应用时，应在苗种入池前1～2周或高温期到来前1～2个月开始施用，并在高温期每隔半个月左右追施一次。

（2）用于防治疾病的使用方法　光合细菌对传染性疾病尤其是细菌性疾病和真菌性疾病的防治效果较好。使用方法与净化水质相似，采用全池泼洒。一旦出现病情，将患病个体捞出，用稀释10倍的菌液浸浴10～20分钟，可收到很好的效果。

（3）在苗种培育过程中的使用方法　在育苗生产中使用光合细菌，一般对促进泥鳅幼体生长和提高成活率有较明显效果，从而提高产量。其主要作用有两个方面：一个方面是净化水质，改善幼体的环境条件；另一个方面是作为饵料被幼体摄食。从幼体破膜开始直至出苗的整个育苗期间都可施用光合细菌，一般每天换水后分早晚两次投喂。可将光合细菌经过适当稀释后全池泼洒，或与豆浆、蛋黄等代用饵料混合投喂。

（4）作为饲料添加剂的使用方法　一般是将经过稀释的光合细菌先均匀喷洒在配合饲料或鲜活饲料上，然后立即投喂或阴干后备用。硬颗粒配合饲料在加工过程中不宜加入，以免加工过程中的高温破坏菌体的有效成分。

（5）光合细菌对提高泥鳅成活率的作用　采取泼洒、拌饵投喂等手段，能有效提高泥鳅的成活率。

（6）促进泥鳅的生长　在泥鳅养殖的稻田中泼洒光合细菌，使池水中的光合细菌浓度达到 5 毫克/升，在整个生长期共泼洒 5～6 次，最后收获时泥鳅可增产 10% 左右，且饵料系数降低 15% 左右。光合细菌作为饲料添加剂不但能促进泥鳅生长，而且使其体色鲜艳、品质接近野生个体，同时也能防治疾病。

5. 光合细菌的使用量

使用量也是光合细菌应用中的一个关键问题。用量太少则效果不明显，用量太多会增加用户的经济负担。故确定使用量的原则是在保证效果的前提下越少越好，常用的量为：①净化水质，第一次施用时用量为每立方米水体 10～15 毫升，追施时为 5～10 毫升；②作为饲料添加剂时用量为 1%～2%；③苗种培育过程中的使用量为每日每立方米水体 100～150 毫升，分早晚两次投喂。

值得注意的是：使用光合细菌的好处很多，但光合细菌只有在适宜的温度及阳光下繁殖生长，其优良的功效才能得以发挥。因此，一方面要保证菌液的质量浓度在 2.1 亿个/毫升以上，另一方面还应避免在阴雨天或水温较低的情况下使用。

三、枝角类的培养

枝角类又称水蚤，是鱼虫的代表种类，隶属于节肢动物门、甲壳纲、枝角目，是一种小型的甲壳动物，也是淡水水体中最重要的浮游生物组成，含有泥鳅营养所必需的重要氨基酸，而且维生素及钙质也颇为丰富，是饲养泥鳅幼体的理想饲料，尤其是刚繁殖后进入池塘培育时的优质开口饵料之一。

1. 培养条件

枝角类培养对象应选择生态耐性广、繁殖力强、体型较大的种类，如蚤状溞、隆线溞、长刺溞及裸腹溞均适于人工培养。人工培养的溞种来源十分广泛，一般水温达 18 ℃以上时，一些富营养水体中经常有枝角类大量繁殖。凌晨前可用浮游动物网采集，在室外水温低、尚无枝角类大量繁殖的情况下，可采取往年枝角类大量繁殖过的池塘淤泥，其中的休眠卵（即冬卵）经过一段时间的滞育期后，在室内获得或恢复适当的有繁殖条件后也可获得溞种。

枝角类在水温 16~18 ℃时才大量出现并迅速繁殖，培养时水温以 18~28 ℃时为宜。大多数枝角类在 pH 为 6.5~8.5 时均可生活，最适 pH 为 7.5~8.0。枝角类对环境溶氧变化有较大的适应性，培养时池水溶氧饱和度以 80%~120%最为适宜，有机耗氧量控制在 20 毫克/升左右。枝角类对钙的适应性较强，但过量镁离子（大于 1 毫克/升）对其生殖有抑制作用。人工培养的溞类均为滤食性种类，其食物主要是单细胞藻类、酵母、细菌及腐屑等。

2. 培养方法

枝角类的培养方法及过程主要有以下几点：

（1）休眠卵的采集、分离、保存与孵化　枝角类的休眠卵大多沉于水底。鸟喙尖头溞的休眠卵在海底从表层到 2 厘米深的海泥处，分布数量占总数量的 60%~100%，而 6 厘米以外的海泥中未确认有休眠卵存在。因此，采集休眠卵，应从底泥表层到 5~6 厘米深处采集。方法是用采泥器采集底泥，将采集的底泥用 0.1 毫米的筛绢过滤，滤除泥沙等大颗粒、杂质，然后放入饱和食盐水中，休眠卵即浮到表层，将其捞出即可。这样分离的休眠卵，可能混有底栖硅藻，给以后的计数操作带来麻烦。为了解决这一问题，可以用蔗糖代替盐水处理。方法是用 0.1 毫米筛绢过滤后的休眠卵放入 50%蔗糖溶液中，3 000 转/分离心 5 分钟，卵即浮到溶液表层。这样分离的休眠卵，不仅干净（底栖硅藻全部沉降），而且回收率高。一次分离回收率即可达 90%，两次分离即可全部回收。

休眠卵的保存温度与孵化率有很大关系。保存温度越高，孵化率越低。在底泥中保存的休眠卵比在海水中保存的休眠卵孵化率高。此外，还可以用干燥、冷藏、冷冻的方法保存枝角类的休眠卵。

枝角类休眠卵的孵化受生态环境因子的影响，盐度是影响孵化率的重要因素。不同的枝角类，即使同是海水种，其休眠卵孵化对盐度的要求也不同。据对鸟喙尖头溞的试验表明，盐度为 25.5 时其孵化率最高，僧帽溞属和圆囊溞属的休眠卵在盐度为 19.2‰时孵化率最高。水温对枝角类体会眠卵的孵化率也有很大影响。鸟喙尖头溞的休眠卵在 18 ℃时孵化率最高，僧帽溞属和圆囊溞属的休眠卵孵化率最高时的水温为 15 ℃。光照强度对休眠卵的孵化率也有一定影响。枝角类孵化率最高时的光照强度一般为 1 000～2 000 勒克斯。在最适生态环境中孵化，休眠卵在 3～5 天内开始孵化，在 3 周内几乎全部孵化。

（2）室内培养　枝角类的室内培养主要有以下几种方法：

① 绿藻或酵母培养：培养容器主要是烧杯、塑料桶及玻璃缸。利用绿藻培养时，可在装有清水的容器中，注入培养好的绿藻，当水由清淡色变为淡绿色时，即可引种。利用绿藻培养枝角类效果较好，但水中藻类密度不宜过高，一般小球藻密度控制在 200 万个/毫升左右，而栅藻控制在 45 万个/毫升左右即可满足需要。密度过高，反而不利于枝角类摄食。利用酵母培养枝角类时，应保证酵母质量，投喂量以枝角类当天吃完为宜，酵母过量极易腐败水质。此外酵母培养的枝角类，其营养成分缺乏不饱和脂肪酸，应在捞取枝角类投喂鱼、虾、蟹幼体前，最好用绿藻进行第二次强化培育，以弥补全用酵母培养的缺点，确保饵料质量和营养全面。

② 肥土培养法：一般家庭养殖金鱼时即用此法进行培养，培养器具主要有鱼盆、花盆及玻璃缸。如果用直径为 85 厘米的养鱼盆，则先在盆底铺一层 6～7 厘米厚的肥土，注入自来水约八成满，把培养盆放在温度适宜且有光照的地方，使细菌、藻类大量滋生繁殖；然后引入枝角类 2～3 克作为种源，数日枝角类即可繁殖后代。其产量视水温和营养条件而有高有低，当水温为 16～19 ℃时，经 5～6 天即可捞取枝角类 10～15 克；当水温低于 15 ℃时，繁殖极慢。培养过程中，培养液肥力下降时，可用豆浆、淘米水、尿肥等

进行适时追肥。

③ 发酵粪肥加稻草培养法：用玻璃缸、鱼盆等作为培养器皿，在室内进行培养，这样受天气变化的影响较小，培养条件易控制。培养时，先将清水注入培养缸内，然后按每升水将牛粪 15 克、稻草及其他无毒植物茎叶 2 克、肥沃土壤 20 克加入培养缸内。粪土可以直接加入；稻草则需先切碎，加水煮沸，再冷却后放入；肥料加入后，用棒搅拌均匀。这样静置 2 天后即可引种，每升水接种枝角类 10～20 个。以后每隔 5～6 天施追肥一次，追肥比例同上。宜先用水浸泡，然后取其肥液追施，继续培养，数天后枝角类就开始繁殖，随取随用，效果较好。

④ 老水培养法：也用玻璃缸、鱼盆等作为培养器皿。将用从金鱼池里换出来的老水澄清后，取上面澄清液作为培养液。因为这种水体中含有多种藻类，都是枝角类的良好食料，所以培育效果很好。但水中的藻类也不能太多，多了反而不利于枝角类的取食。

（3）室外培养

① 堆肥培养法：以混合堆肥为主，土池或水泥池都可以，面积大小视需要量而定，一般大于 10 米^2。池深要达 1 米左右，注水 70～80 厘米。加入预先用青草、人畜粪堆积并充分发酵的腐熟肥料，按每亩水面 500 千克的数量施肥，并加生石灰 70 千克，这样有利于菌类和单细胞藻类大量滋生繁殖。7～10 天后，每立方米水体接种枝角类 20～40 克作为种源，接种后每隔 2～3 天追肥一次，经 5～10 天培养，待见到大量鱼虫繁殖起来，即可捕捞。捞取枝角类成虫后应及时加注新水，同时再追肥一次，如此便可继续培养、陆续捕捞。只要水中溶氧充足、pH 5～8、有机耗氧量在 20 毫克/升左右、水温适宜时，枝角类的繁殖就很快，产量也很高。

② 发酵粪肥培养法：以粪肥为主进行培养时，既可以用土池，也可以用水泥池进行培养。池子的大小以 10～30 米^2 为宜，水深 1 米。先往池中注入约 50 厘米深的水，然后施肥，一般每立方米水体投粪肥（人畜粪均可）1 500 克、肥沃土壤 1 500～2 000 克作为基肥，以后每隔 7～8 天追肥一次，每次施粪肥 750 克。加沃土的

目的是因为其有调节肥力和补充微量元素的作用。

若用土池培养，施肥量则应相对增加，每立方米水体可施粪肥4 000克、稻草1 500克（麦秆或其他无毒植物茎叶均可），以用作基肥。施肥后应捞去水面渣屑，池水暴晒2～3天后就可接种。每立方米水体可接种30～50克枝角类，接种7～10天后枝角类便大量繁殖。通常根据水色酌情施加追肥，若池中水色过清，则要多施追肥；水色为深褐色或黑褐色时，应少追肥或不追肥，一般池水以保持黄褐色为宜。

③ 无机混合肥培养法：主要是用酵母和无机肥混合培养，适用于水泥池和土池，面积可大可小，每立方米水体施放酵母20克（先在桶内泡3～4小时）、硫酸铵［$(NH_4)_2SO_4$］37.5克。以后每隔5天施追肥一次，酵母和无机肥数量各减半施加。施基肥后，将池水暴晒2～3天，捞去水面漂浮物（污物），然后引种。引种数量以每立方米水体30～50克为宜，引种后及时追肥。经7～10天后，枝角类大量繁殖时即可捞取，每隔1～2天，可捞取10%～20%。当捞过数次以后，如果池中枝角类数量不多时，就及时添水加追肥，继续培养。

（4）工厂化培养　主要培养繁殖快、适应性强的多刺裸腹溞，这在国外育苗工艺中最为常见。该溞也是我国各地的常见品种，以酵母、单细胞绿藻进行培养时，均可获得较高产量。在室内工厂化培养时，采用培养槽或生产鱼苗用的孵化槽均可。培养槽可用塑料槽，也可用水泥槽，一般规格为3米×5米×1米。槽内应配备良好的通气、控温及水交换装置，为防止其他敌害生物繁殖，可利用多刺裸腹溞耐盐性强的特点，使用粗盐将槽内培养用水的盐度调节至1%～2%，其他生态条件控制在最适范围之内，即水温在22～28℃、pH 8～10、溶氧量≥5毫克/升，枝角类接种量为每吨水接种500～1 000个。如果用面包酵母作为饵料，则应将冷藏的酵母用温水溶化，配成10%～20%的溶液后向培养槽内泼洒。每天投饵1～3次，投饵量约为枝角类湿重的50%，一般以枝角类在24小时内吃完为适宜。如果用酵母和小球藻（或扁胞藻）混合投喂，则可适当减少酵母的投喂量。接种 2 星期后，槽内枝角类数量便达高峰，出现群体在水面卷起漩涡的现象，此时可每天采收。如果生产顺利，采收时间可持续 20～30 天。

3. 培养管理

枝角类在培养过程中，只有加强培养管理，才能取得更好的培养效果，这些管理措施包括以下几个方面：

(1) 充气　枝角类培养过程中，应微量充气或不充气。但种群密度大时，必须充气。

(2) 调节水质　培养枝角类水体的水质指标，主要有溶解氧量、生物耗氧量、氨氮量、酸碱度等。溶解氧过高或过低都会影响枝角类的生长，有机物耗氧量在 38.35～55.43 毫克/升，最适宜于大型溞的大量培养。大型溞喜欢碱性水体，在 pH 8.7～9 范围内生长最为适宜；在 pH 为 6 时生长繁殖不致受到阻碍；在低 pH 的水环境中，枝角类往往会产生有性生殖。水质的调节可以通过加入新水或控制施肥量来达到。

(3) 控制密度　培养枝角类的种群密度，不宜太大，否则生殖率降低，死亡率增高。但是，种群密度太小也同样不利于枝角类的生长。枝角类只有在适宜的种群密度时，生长量和生殖量才能达到最高限。控制枝角类的种群密度，一方面必须提供适宜的培养生态条件，另一方面应对种群密度进行调整。如种群密度过小，可增加接种量或浓缩培养水体；如种群密度过大，可扩大培养水体或采用换水的办法稀释水体中的有毒物质。

(4) 适时追肥　培养水体中需要定期追施肥料，以保持枝角类饵料的数量。追肥量可以在施肥的基础上减半，另外要根据枝角类的数量来调节。

四、摇蚊幼虫的培养

摇蚊幼虫的形态与普通蚊子相似，但翅无鳞片，足也较大，静止时前足一般向前伸长，并不停地摇动，故名摇蚊。摇蚊幼虫是泥鳅最受欢迎的饵料之一，是泥鳅仔鱼、稚鱼、幼鱼期内均喜食底栖性的动物性饵料。

1. 简易养殖

由于自然采捕摇蚊幼虫，生产力低，消耗人工多，筛选复杂，供不应求，很难形成规模生产，经济效益也较差。因此，渔民开始转向人工养殖，采取造田育虫。造田的步骤为：干田、晒田、石灰、堆肥、灌水、放虫种。摇蚊幼虫的成虫是"蚊虫"，不吃东西，但幼虫则要从水中及软泥中吸收营养，如果在繁殖的水田放进充足的有机肥料，如用最有效的有机肥鸡粪培养出来的摇蚊幼虫特别鲜红幼嫩、生命力强。

培养时一般水深 20～30 厘米就够，每亩每月平均收成量为 200 千克。用 60 亩水田生产作为一个单元，每天摇蚊幼虫的供应量为 150～300 千克。

2. 人工精养

（1）人工采卵　用专用的人工采卵箱完成。人工采卵箱的大小、摇蚊的生物密度与性比例、成虫的饵料，以及适宜的温度、湿度、照明等都是在人工采卵时必须考虑的条件。

① 采卵箱：采卵箱用 4～5 厘米的方杉木做箱架，规格大小为 1 米×1 米×2 米。采卵箱外面挂有防蚊用的昆虫网，其上覆盖透明塑料布，以便保持箱内的湿度和从外面进行观察。

② 摇蚊的个体密度与性比例：采集摇蚊成虫或幼虫置入采卵箱，其个体密度是影响受精率的主要因素之一，在密度 2 000 个/米^3 以上，可获 80% 以上的受精率，随着密度的增加，受精率也增加；当密度达 4 000 个/米^3 时，受精率达到 90%。性比例是生物学的重要条件之一，控制摇蚊雌雄同数量，或雄性稍多于雌性是最适条件。因此在采卵过程中要补充雄性个体。

③ 温度：温度最适范围为 23～25 ℃，当温度小于 20 ℃或大于 28 ℃时，受精率骤降。这时可以通过人工加温来解决，一般是在采卵箱内放置两个 40 W 的灯泡，并用定温继电器控制。

④ 湿度：湿度对交尾是必要的条件。湿度 90% 以上可得到

80%～85%的受精率，湿度小于80%时受精率下降至20%以下。调节湿度可由采卵箱中的喷水器控制，并由箱外塑料布防止蒸发。

⑤ 照明：间歇照明的最佳条件是在24小时中，4次断续照明，每次关灯30分钟，每次为5.5小时的间歇照明，此时的受精率都在80%以上。在照明时开始产卵，照明2小时内产出的卵数为总产卵数的60%。

⑥ 饵料：饵料置于采卵箱中的面盆或喷洒在悬挂于采卵箱中的布幕上。成虫饵料为2%的蔗糖、2%的蜂蜜或两者的混合液，这样都能获得较高受精率。

用以上采卵箱的条件，受精卵块持续的天数为12～15天，1天最高能得到400～750个卵块（平均100～120个）。假设1个卵块中的卵粒数平均为500个，则每天能采10万个个体，2周后可得到140万个个体，约7千克幼虫。

（2）培养基

① 琼脂培养基：将琼脂溶解于热水中，配成0.8%的琼脂溶液，冷却至50℃以后再加入牛奶。根据牛奶的添加量调整蒸馏水的使用量，使琼脂浓度最后为0.75%；然后将培养基溶液25毫升倒入直径为90毫米的玻璃皿中并冷却，使琼脂凝固，加10毫升蒸馏水。

② 黏土-牛奶培养基：将烧瓦用的一定量黏土，加入10倍量的蒸馏水，在大型研钵中研碎，使之成为分散的胶体状。除去砂质后，用每平方厘米1.2千克的高压灭菌器灭菌30分钟。冷却之后取一定量，加入牛奶，迅速开始凝集，待黏土粒子和牛奶一起形成块状沉淀后，即可当幼虫的培养基。

③ 黏土-植物叶培养基：取杂草或桑叶或海产的大叶藻，加适量海砂和水，将植物叶子在研钵中磨碎，用50目筛绢网过滤挤出植物碎液，静置后取出植物碎液中的细砂。然后在黏土溶液加入适量氯化钙、植物碎液后就和牛奶一样发生凝集，直至上清液不着色、不混浊时。等待10～20分钟后倾去上澄液，加入蒸馏水进行振荡，再静置10～20分钟后，除去上澄液。如此反复2～3次之

后，将沉淀部分适当稀释便可供作培养基。

④ 下水沟泥培养基：从下水沟或养鱼塘采集鲜泥土，去掉其中的大块垃圾，加入等量的自来水搅拌，静置 30 分钟后倒掉上澄液。这样反复进行 1~2 次，除去下水沟泥的悬浮物。用高压锅高压灭菌 30 分钟，冷却之后倾去上澄液，加入适量蒸馏水即可作培养基使用。

（3）培养方法

① 接种：用人工采卵和人工培养基饲育的摇蚊幼虫，经 60 目筛网选出体长 3~4 毫米的幼虫于盆中，1~2 天加入蒸馏水，再移入筛网用蒸馏水冲洗干净之后，把水分沥干，将幼虫接种在培养基上。

② 静水培养法：上述 4 种培养基的共同特点是两相培养基，即培养基底是固体物质的黏土、牛奶、植物碎叶或下水沟泥的沉淀物，培养基上部是水基蒸馏水。用直径 90 毫米的培养皿盛装培养基时，把大于 3 毫米的摇蚊幼虫接种于器皿中培养，这就是静水培养。培养到蛹化前即可采收，具有操作容易的优点。但是这种培养法由于得不到充足的氧气保证，培养基容易变质，产量远不如流水培养法。

③ 流水培养法：在 33 厘米×37 厘米×7 厘米的塑料容器或直径为 45 厘米的圆盆中，放入厚度为 10 毫米的沙层，其上铺上黏土-牛奶培养基，每 3 天添加一次，从一端注入微流水，另一端排出，再用孵化后 24 小时的幼虫进行流水培养。流水可以起到排污和增加氧气的目的，培养结果比静水培养的好。

④ 体长小于 3 毫米的幼虫培养：体长小于 3 毫米的幼虫口器发育尚未完成，对各种外界环境的抵抗力弱，更不可能抵抗 0.1 米/秒的流水速度，因此需要用另一种培养方法。这种方法是：在 500 毫升的三角烧瓶中，注入半瓶水，加进 50 毫升的培养基，将要孵化的卵块加进三角烧瓶里，用气泡石通气，每分钟通入 800~1 000 厘米^3 的气体，温度以 23~25 ℃为宜。这种条件下，卵块会顺利孵化，4 天后体长可以达到 3 毫米，然后转入流水培养中继续

培养。

3. 环境条件对培养产量的影响

(1) 温度 摇蚊幼虫的最适生长温度是 20～25 ℃，其中 20 ℃是生长最快的温度。

(2) pH pH 为 7～8 时，摇蚊幼虫的生长最好，收获率和生产量最佳。

(3) 溶解氧 溶解氧＞4 毫升/升时，溶解氧含量越高，越能促进摇蚊幼虫的生长。

(4) 饵料 在琼脂-牛奶培养基中发现，当个体密度一定时，培养的摇蚊幼虫的产量与牛奶的添加量呈正相关。

五、水蚯蚓的培养

水蚯蚓隶属环节动物门、寡毛纲、近孔寡毛目、颤蚓科、水蚯蚓属，是最常见的底栖动物，也是淡水底栖动物群的重要组成部分。它们像蚯蚓一样，把淤泥吞食而又排出，有利于改变水底环境；同时，它们更是泥鳅的优质天然饵料（彩图 15）。

1. 水蚯蚓的野外捕捞与保存

天然水域中水蚯蚓的聚集有季节性变化，但不太明显。捞取水蚯蚓时，要带泥团一起挖回，装满桶后，盖紧桶盖。几小时后需要取水蚯蚓时，打开桶盖，可见水蚯蚓浮集于泥浆表面。捞取的水蚯蚓要用清水洗净后才能喂养鱼类。取出的水蚯蚓在保存期间，需每日换水 2～3 次，在春秋冬三季均可存活 1 周左右。保存期间若发现虫体变浅且相互分离不成团时，蠕动又显著减弱，即表示水中缺氧，虫体体质减弱，有很快死亡腐烂的危险，应立即换水抢救。在炎热的夏季，保存水蚯蚓的浅水器皿应放在自来水龙头下用小股细流水不断冲洗，这样才能保存较长时间。

2. 水蚯蚓的人工培育

用于人工培育的水蚯蚓种类主要有霍氏水丝蚓，其个体长 5～6 厘米，也有 10 厘米或更长的，其群体产量较高。它们喜生活在带泥的微流水水域,一般潜伏在水底有机质丰富的淤泥下 10～25 厘米处。低温时深埋泥中,喜暗,不能在阳光下暴晒。刚孵出的幼蚓体长 0.6 厘米,2 个月左右性成熟。人工养殖的水蚯蚓,其寿命约为 3 个月,体长达 50～60 毫米。

水蚯蚓具有较高的营养价值,干物质中蛋白质含量高达 70% 以上,粗蛋白中氨基酸齐全,含量丰富,是鲤、鲫、黄鳝、泥鳅、塘虱鱼、金鱼、热带观赏鱼等鱼类的珍贵活饵料。水蚯蚓生存的天然资源丰富,在污水沟、排污口及码头附近数量特别多。人工培育水蚯蚓方法简便易行,现简要介绍其培养方法:

(1)建池 首先要选择一个适合水蚯蚓生活习性的生态环境来挖坑建池,要求水源良好,最好有微流水,土质疏松、腐殖质丰富的避光处。面积视培养规模而定,一般以 3～5 米^2 为宜,最好是长 3～5 米、宽 1 米、水深 20～25 厘米。培育池长边两边堤高 25 厘米,宽边两端堤高 20 厘米。池底要求保水性能好或敷设三合土,池的一端设一排水口,另一端设一进水口。进水口设牢固的过滤网布,以防敌害进入,堤边可种丝瓜等攀缘植物(遮阳)。

(2)制备培养基料 制备良好优质的培养基,是培育水蚯蚓的关键。培养基的好坏取决于污泥的质量,应选择有机腐殖质和有机碎屑丰富的污泥作为培养基料。培养基的厚度以 10 厘米为宜,同时每平方米施入 7.5～10 千克牛粪或猪粪作基底肥,在下种前每平方米再施入米糠、麦麸、面粉各 1/3 的发酵混合饲料 150 克。

(3)引种 每平方米引入水蚯蚓 250～500 克,若肥源、混合饲料充足,可多投放种蚓,以获得更高产量。一般引种 15～20 天后即有大量幼蚯蚓密布土表。刚孵出的幼蚯蚓,长约 6 毫米,像淡红色的丝线,当见到水蚯蚓环节明显呈白色时即说明其达到性成熟。

(4)日常管理 培养基的水深以 3～5 厘米为佳。水过深,则水底氧气稀薄,不利于微生物的活动,投喂的饲料和肥料不易被分解转化;水过浅,尤其在夏季光照强时会影响水蚯蚓的摄食和生长。水蚯蚓常喜群集于泥表层 3～5 厘米处,有时尾部露于培养基表面，受惊时尾鳃立即潜入泥中。水中缺氧时尾鳃伸出很宽，在水中不断搅动。严重缺氧时，水蚯蚓离开培养基聚集成团浮于水面或死亡。因此，培育池水应保持微细流水状态，缓慢流动，防止水源受污染，保持水质清新和丰富的溶氧。水蚯蚓适宜在 pH 为 5.6～9 生长，但培养池常施肥投饵，pH 时而偏高或偏低。水的流动对调节 pH 有利。由于水蚯蚓个体的大小随温度、pH 的高低而适当变化，因此每天应测量气温与培养基的温度，每周测一次 pH。水蚯蚓生长的最佳水温是 10～25 ℃，溶氧不低于 2.5 毫克/升。进、出水口应设牢固的过滤网布以防小杂鱼等敌害进入。但在投饵时应停止进水，每 3 天投喂一次饵料即可，以每平方米 1.5 千克精饲料与 2 千克牛粪稀释均匀泼洒，投喂的饲料一定要经 16～20 天发酵腐熟处理后才可使用。因此水蚯蚓养殖成功的关键首先是水环境的好坏，其次是对药物的抵抗力及培养基肥沃度的要求。

（5）饲料投喂　用发酵过的麸皮、米糠作饲料，每隔 3～4 天投喂一次。投喂时，要将饲料充分稀释，均匀泼洒。投饲量要掌握好，过剩则水蚯蚓的栖息环境受污染，不足则水蚯蚓生长慢，产量上不去。根据经验，精饲料以每平方米 60～100 克为宜。另外，间隔 1～2 个月增喂一次发酵的牛粪，投喂量为每平方米 2 千克。

（6）消除敌害　养殖期间，培养基表面常会覆盖青苔，这对水蚯蚓的生长极为不利，应将其刮除。一般刮除一次即可大大降低青苔的光合作用而抑制其生长，连续刮 2～3 次即可消除。不能用硫酸铜清除青苔，因为水蚯蚓对各种盐类的抵抗力很弱。另外要防止泥鳅、青蛙等敌害的侵入，一旦发现应及时捕捉，否则其将会大量吞食水蚯蚓。

（7）采收　水蚯蚓繁殖力强，生长速度快，寿命约 80 天。在繁殖高峰期，每天繁殖量为水蚯蚓种的 1 倍多，在短时间可达相当大的密度。一般在下种后 15～20 天即有大量幼蚯蚓密布在培养基表面，幼蚯蚓经过 1～2 个月就能长大为成蚓。因此要注意及时采收，否则常因水蚯蚓繁殖密度过大而导致死亡、自溶而减产。通常在引种 30 天左右即可采收。采收的方法是：在采收前的头一天晚上断水或减少水流，迫使培育池中翌日早晨或上午缺氧，此时水蚯蚓群集成团漂浮水面，用 20～40 目的聚乙烯网布做成的手抄网捞取。每次捞取量不宜过大，应保证一定量的蚓种，一般以捞完成团的水蚯蚓为止。日采收量是每平方米能达 50～80 克，合每亩 30～50 千克。

3. 用滤泥培养水蚯蚓

滤泥是生产蔗糖的下脚料，含有大量的酵母菌，pH 为 6.5～7.5。用其来培养水蚯蚓，方法简单，产量高，成本低。土池、水泥池或用塑料薄膜铺设的培养池均可采用，面积可大可小。

培养的方法是：先在池底铺上 10 厘米厚的软泥，整平后在泥土上施放 0.2～0.5 厘米厚的滤泥，再引入少量的种蚯蚓。池面如果搭有瓜棚，水层保持在 1～3 厘米即可；在阳光直射的情况下，水深可加至 20～40 厘米。培养过程中每隔 3～5 天每平方米追施滤泥 1～2.5 千克，大面积培养可设置循环水路。

采收时把水蚯蚓带表层泥土一起捞取，置于桶中，加盖隔绝空气，待水蚯蚓在水表层集结成团时便可捞取。也可预先在培养池中撒上蚕豆一般大小的饭块，水蚯蚓会聚集在腐烂的饭块周围摄食，结成一个小蚯蚓团，这样采收十分方便。温度在 20～32 ℃的季节，每平方米每天可采收 0.20 克；冬季水蚯蚓钻泥越冬，只要保持泥土湿润即可保证其安全越冬。

六、灯光诱虫

飞蛾类是黄鳝、泥鳅喜食的高级活饵料，波长为 0.33～0.4 微米的紫外光，对鱼类无害，但是对虫蛾而言具有较强的趋向性。而黑光灯发出的紫外光，一般波长为 0.36 微米，正是虫蛾最喜欢的光线波长。利用这一特点，在泥鳅生长旺盛的夏秋季节用黑光灯大量诱集蛾虫，可使泥鳅产量增加 10%～15% 及以上，降低饲料成本 10% 以上。另外，此法可诱杀附近农田的害虫，有助于农业丰收。

1. 黑光灯的装配

（1）灯管的选择 效果最好的是 20 瓦和 40 瓦的黑光灯，其次是 40 瓦和 30 瓦的紫外灯，最差的是 40 瓦的日光灯和普通电灯。因此应选择 20 瓦的黑光灯管。

（2）灯管的安装 选购 20 瓦的黑光灯管，装配上 20 瓦普通日光灯镇流器，灯架为木质或金属三角形结构。在镇流器托板下面、黑光灯管的两侧，再装配宽为 20 厘米、长与灯管相同的普通玻璃2～3 片，玻璃间夹角为 30°～40°。虫蛾扑向黑光灯碰撞在玻璃上，触昏后掉落水中，有利于鱼类摄食。接好电源（220 伏）开关，开灯后可以看到各种吃食性鱼类，都在争食落入水中的飞虫。

（3）固定拉线 在田间沟的一端离水面 5 米处的围堤内侧或外侧分别埋栽高 15 米的木桩或水泥柱，柱的左右分别拴两根铁丝，间隔 50～60 厘米，下面一根离水面 20～25 厘米，拉紧固定后，用来挂灯管。

（4）挂灯管 在两根铁丝的中心部位，固定安装好黑光灯，并使灯管向天空成 12～15 度角，以增加光照面。1～3 亩的稻田一般挂一组，5～10 亩的稻田可分别在田间沟的两对角安装两组，这样即可解决部分饵料的来源问题。

2. 诱虫时间与效果

（1）诱虫时间 黑光灯诱虫时间是每年的 5 月到 10 月初，共5 个月。诱虫期内，除大风、雨天外，每天诱虫高峰期在20:00～21:00。此时诱虫量可占当夜诱虫总量的 85% 以上，0:00 以后诱虫数量明显减少。为了节约用电，延长灯管使用期，0:00 以后即可关灯。夏天白昼时间较长，以傍晚开灯最佳。根据测试，如果开灯第 1 小时诱集的虫蛾数量总额定为 100% 的话，那么第 2 小时内诱集的蛾虫总量则为 38%，第 3 小时内诱集的虫蛾总量则为 17%。因此每天适时开灯 1～2 个小时效果最佳。

（2）诱虫种类 据报道，黑光灯所诱集的飞蛾种类较多，有16 目 79 科 700 余种。蛾虫出现的时间有一定的差别，在 7 月以前，多诱集到棉铃虫、地老虎、玉米螟、金龟子等，每组灯管每夜可诱集 1.5～2 千克，相当于 4～6 千克的精饲料；7 月气温渐高，多诱集金龟子、蚊、蝇、蟥、蚋、蝗、蛾、蝉等，每夜可诱集 3～4 千克，相当于 10～13 千克的精饲料；从 8 月开始，多诱集蟋蟀、蝼蛄、蚊、蝇、蛾等，每夜可诱集 4～5 千克，相当于 15～20 千克的精饲料。

（3）诱虫效果　一盏 100 W 的黑光灯在一夜可以诱杀蛾虫数万只，这些虫子掉进稻田里，可直接喂鱼，给鱼提供大量的蛋白质丰富的动物性鲜活饵料，不仅减少人工投饵的量，而且鱼在争食昆虫时，游动急速，跳动频繁，可促进新陈代谢，增强体质和抗逆性，减少疾病的发生，对鱼的生长发育有良好的促进作用，同时还能保护周围的农作物和森林资源。一支 40 W 的黑光灯，开关及时，管理使用得当，每天开灯 3 小时，1 个月耗电量为 1.8 度，全年共耗电量为 7 度左右，在整个养殖期间则可诱集各种蛾虫 300 千克以上，可增产鱼 150 千克左右。

3. 注意事项

（1）不宜吊挂灯管　黑光灯管不宜吊挂，否则会减少光照面而影响诱虫效果。比较合理的安装方法是在田间沟离岸边 1 米处，使灯管直立天空 12～15 度夹角以增大紫光、紫外光的照射面，从而提高诱虫量。

（2）最好选用黑光灯诱蛾　用白炽灯的诱集效果远不及黑光灯，原因有两个：一是白炽灯光线过强，部分虫蛾受到强烈的灼热感，避而远之；二是白炽灯光的穿透能力差，不能吸收远处的虫蛾。

（3）最好安装双层黑光灯　这样做的目的更有利于吸引远处的蛾虫并容易使它们落入水中。如果用单层灯，灯管挂低时，远处虫蛾难以见到紫外灯光，因而不易被紫外光吸引过来；挂高时，虽能吸引远处的虫蛾，但虫蛾不易落入水中，达不到捕蛾为饵的目的。

（4）改通宵开灯为傍晚定时开灯　因为：一方面鱼在摄食落入水中的虫蛾时要消耗大量的体能，而在吃饱之前不会停止抢食；另一方面在傍晚的第 1 小时内（即 20：00～21：00）所诱集的蛾虫数量最多，时间向后推移则诱虫量明显减少。如果连续通宵开灯，不但浪费了大量的财力、物力，而且鱼类连续抢食会消耗大量的体力。因此，要放弃通宵开灯的做法，改为每晚 20:00～21:00 定时开灯。

（5）防止漏电、触电　使用黑光灯诱蛾时，应加一层防雨罩（也可用白铁皮或废旧铝锅盖特制），以防雨天漏电伤人。

（6）注意"四不开"　即大风之夜虫蝗数量少可以不开灯；圆月之夜黑光灯散出的紫外光和紫光的光点光线比较微弱，可以不开灯；22:00 点以后蛾虫诱集的数量逐渐减少，而且蛾虫也大都停止活动，可以不开灯；雨夜，蛾虫的羽翼易受雨淋，很少活动，雨水又易引起灯管爆炸或电线接头短路，此时也不宜开灯。

第四节　泥鳅饵料的投喂技巧

"长嘴就要吃"，泥鳅也不例外，但是如何吃才是最好的，才能吃出最佳成效，这就是饵料的投喂技巧。为了使泥鳅吃饱吃好，生长迅速，饲料系数低，在泥鳅的投喂过程中一定要牢记"四定四看"的原则。

一、四定投喂技巧

在稻田中饲养泥鳅，鳅苗在下田后 2 天内不投饲料，等鳅苗适应稻田环境后再投饲料。

1. 定时

待田间沟里的泥鳅集群到食台上摄食后，在天气正常的情况下，每天投喂饲料的时间应相对固定，从而使泥鳅养成按时摄食的习惯。一般日投喂 2 次，8:00～9:00 投喂一次，14:00～15:00 时投喂 1 次。另外，在泥鳅生长的高峰季节，19:00～20:00 还应投喂第 3 次。

2. 定量

每天投喂的饲料量一定要做到均衡适量，防止过多或过少，以免泥鳅饥饿或吃食过量，影响消化和生长，要按水温的高低及泥鳅的摄食情况灵活掌握。当稻田水温高于 30 ℃或低于 10 ℃时，要相应减少日投饲量或停止投饲；在生长的高峰季节，要结合每天检查食台的情况，科学确定每天的投喂量。其中晚上的投喂量应占到全天投饲量的 50%～60%。定量投喂，对降低饲料的消耗（浪费）、提高饲料消化率、减少对水质污染、减轻鳅病和促进鳅鱼正常生长都有良好的效果。

3. 定质

投喂的饲料要求新鲜，安全卫生，适口，在水中的稳定性好，各种营养成分含量合理，不能投喂腐败变质的饲料。发霉、腐败变质的饲料不仅营养成分流失，失去投喂的意义，而当稻田中泥鳅摄食后，还会引发疾病及其他不良影响。

4. 定位

在泥鳅苗种刚入池的几天里，开始投喂饲料时，先是将粉状饲料沿田间沟四周定时均匀投撒，逐渐将投喂的地点固定在食台周围，然后将投饲点固定在食台上，使泥鳅形成定时到食台上摄食的习惯。一般每亩稻田设面积 1～2 米^2 的饲料台 4～6 个。一旦在食台上投喂后，就一定要记住在以后的每次投饲时，要将饲料投喂到搭设好的食台上，不能随意投放，避免浪费，避免泥鳅由于不能定时定点找到食物而影响生长。定位投喂的好处：一是将饲料均匀投撒在食台上，便于泥鳅集群摄食；二是投放的饲料不会到处漂散，避免造成浪费；三是投喂的饲料不可堆积，要均匀地撒开在食场范围内，能确保泥鳅均匀摄食；四是便于检查和确定泥鳅的摄食和生长情况；五是当稻田中的泥鳅需要投喂药饵时，能使泥鳅集群均匀摄食，提高药效。

二、四看投喂技巧

给泥鳅投饵时，通过眼力观察鱼池的表面现象就能判断实际的投饵量是否合适，这就需要经验和技巧。

（1）看吃食时间的长短　投喂后在1个半小时内吃完为正常；1小时不到就吃完表明投喂量不足，还有一部分泥鳅没有吃饱，应适当增加投喂量；如延长到2小时还未吃完，而泥鳅群已离开食场，表明饱食有余，下次投喂可适量减少。

（2）看泥鳅类生长大小　4～5月，泥鳅开食后食量逐渐增加，在一周或一旬的投喂计划中，要观察周初与周末或旬初与旬末的变化。如果投喂量不变，而到周末或旬末时，在半小时内就吃完，表明泥鳅的体重增加，吃食量增大，没有吃饱，要适当增加喂量。

（3）看水面动静　吃饱后的泥鳅一般都沉到水底。投食后如果泥鳅没有生病而在水面上频繁活动，则属饥饿表现。尤其是当鳅苗或鳅种在水面上成群狂游时，是严重饥饿的表现，俗称"跑马病"，要立即投食，堵截狂游，否则会大批死亡。

（4）看水质变化　对于以食浮游生物为主的肥水泥鳅，可通过观察水质的肥瘦来判断浮游生物是否满足泥鳅的生长要求。当水质过瘦时，用施肥办法去培养浮游生物；当水质过肥，出现恶化浮头时，则要立即换水开机增氧，必要时投放敌百虫药物杀死浮游动物，促进泥鳅生长。

第五章

稻田养殖泥鳅

泥鳅对水质的要求不太严格，池塘、稻田、水沟和田头坑塘都能养殖，在农村有广阔的发展空间，是农民增收致富的有效途径。

第一节 稻田养殖泥鳅前的准备工作

在进行泥鳅养殖前，一定要做好以下准备工作：

一、心理准备工作

就是在决定饲养泥鳅前可以先问问自己几个问题：是真的决定养泥鳅吗？打算怎么养？采用哪种方式养殖？风险系数是多大？养殖失败时有多大的心理承受能力？决定投资多少费用？是业余养殖还是专业养殖？家里人是支持还是反对？等等。

二、技术准备工作

泥鳅养殖的方法很多，但由于它们的放养密度大，对饵料和空间的要求也大。因此，如果泥鳅养殖时的喂养、防病治病等技术不过关，会导致养殖失败。在实施养殖之前，要做好技术储备，如多看书、多看资料、多上网学习、多向行家和资深养殖户请教一些关键问题。了解清楚了养殖中的关键技术，才能养殖。也可以少量试养，待充分掌握技术之后，再大规模养殖。

有许多朋友在初步了解泥鳅养殖后，都认为身边的塘塘坝坝、沟沟坎坎里只要有水，就有大量的泥鳅，因此认为泥鳅肯定好养。这种想法不可取。如果想把泥鳅产业做大做强，实现规模化养殖，最大限度地提高泥鳅的质量，同时将养殖成本降到最低，并实行可持续化发展，不是容易的事情。随着泥鳅产业化市场的不断变化、养殖技术和养殖模式的不断发展、科学发展的不断进步，在养殖泥鳅时可能会遇到新的问题、新的挑战。这就需要我们不断地学习新的养殖知识和技术，而且能善于在现有技术基础上不断地创新，总结出适合自己的养殖方法。

三、市场准备工作

这个准备工作尤其重要，因为每个从事泥鳅养殖的人都很关心泥鳅的市场？也就是说在养殖前就要知道养殖的泥鳅怎么处理？是采用与供种单位合作经营也就是保底价回收，还是自己养殖自己出售？是在国内销售还是出口？主要是为了供应鳅苗还是为了供应成鳅？如果一时卖不了或者是价钱不满意时如何处理泥鳅？这些情况在养殖前必须要做好准备。针对以上的市场问题，养殖者一定要做到眼见为实，不要过分相信别人的说法。

虽然目前泥鳅市场需求量很大，价格一直飙升，但同样存在市场风险。这是因为我国目前生产出的泥鳅主要出口到韩国和日本，一旦这两个国家的市场需求发生意外，就有可能造成极大的损失。特别是对于初次养殖泥鳅的养殖户来说，由于他们的养殖规模小，抵御市场风险的能力相对要弱。因此建议初次养殖泥鳅的养殖户和那些养殖面积较小的养殖户，应积极主动地向大户和养殖基地靠拢，及时了解市场信息，做好市场准备工作，掌握合适的销售时机。

四、养殖设施准备工作

泥鳅养殖前就要做好设施准备，主要包括养殖场所的准备和饲料的准备。其他的准备工作还包括繁育池的准备、网具的准备、药品的准备、投饵机的准备和增氧设备的准备等。

养殖场所要选取适合泥鳅养殖的地方，尤其是水质一定要有保障，另外电路和通讯也要有保障。另外，饲料对泥鳅养殖很重要。虽然养殖泥鳅的饲料来源虽然比较广泛，但是在养殖前还是要准备好充足的饲料。生产实践已经证明，如果准备的饲料质量好、数量足，养殖的泥鳅产量就高、质量就好，当然经济效益也比较好，反之亦然。

五、苗种准备工作

在养殖前一定要做好苗种准备。建议初养的养殖户可以用自培自育的苗种来养殖，慢慢扩大养殖面积。这样效果好，可以有效减少损失。

六、资金的准备工作

在养殖泥鳅前必须做好资金的筹措准备。具体需要投资多少，建议养殖户先去市场多跑跑、多看看，上网多查查，向周围的人或老师多问问，最后再决定投资的金额。如果实在不好确定，也可以先尝试着少养，主要是熟悉泥鳅的生活习性和养殖技术，等到养殖技术成熟、市场明确时，再扩大养殖规模。

七、泥鳅的养殖模式

养殖模式的选择要根据实际情况而定，养殖场所特点及资金和设备投入等都将影响最后的选择结果。养殖泥鳅的主要模式有以下几种：

（1）自己养殖自己销售　这种养殖模式就是养殖户自己销售所养的泥鳅。这样可以减少中间环节，争取养殖效益的最大化，但可能牵扯更多的精力。

（2）自己养殖供别人销售　这种养殖模式就是养殖户自己养殖出来的成鳅是先采用统价的方式卖给商贩，再由这些商贩进行筛选后，按规格或不同的市场要求再次出售。采用这种模式养殖时，一定要有可靠的销路保障。由于市场依靠别人，因此在养殖过程中一是要注意养殖成本的控制；二是要能及时更多地提供优质产品；三是要及时回收资金，以利再生产。对于一时没有销出去的泥鳅，建议不要积压，可以另寻其他的买家。

（3）走"公司＋农户"的路子　就是以一家泥鳅的养殖公司为基础，这个公司既可以是泥鳅的技术服务单位，也可以是供种单位，还可以就是本地从事特种养殖的公司。联系一家一户的农民从事泥鳅的养殖，走"公司＋农户"的养殖路子，通过政府搭桥、干部引导和公司上门服务，发展成一支懂养殖技术、防疫、加工、销售的专业队伍，形成产、供、加、销"一条龙"的新型购销模式，以促进产业结构调整，实现农企双赢，同时也充分利用了农村丰富的农产品衍生物，带动了运输业，解决了部分下岗职工和农村剩余劳动力，在促进当地农村经济发展方面起到生力军的作用。

"公司＋农户"的模式最典型的经营方式是，农户负责提供养殖场所、负责筹措部分资金、提供劳动力，公司以低于市场的价格为养殖户提供优质的苗种供应，同时负责指定技术员上门进行技术指导，统一销售，养殖出来的产品最后由公司按当初合同上约定的保底价格回收。

（4）走合作社的路子　目前泥鳅养殖大都还处于零星散养的模式，在传统的散户养殖经营中，泥鳅养殖规模性小，信息流通差，产品质量低，往往会发生养殖户增产不增收的矛盾。如何解决农民一家一户难以解决的问题，提升泥鳅的市场竞争力，为养殖户增收提供可靠保障？创办泥鳅养殖专业合作社，依靠科技，充分发挥泥鳅养殖专业合作社技术人员的优势和特点，以科技示范户为基础，加强对市场的分析预测，提高信息的准确性，为定位、定向、定量组织泥鳅的养殖和销售提供了决策依据，形成了一个技术、产、供、销网络，为养殖户增收致富走出了一条新路子。

作为合作社，就要有相应的规章制度，就要实行泥鳅养殖的科学管理，采取"七统一"的管理制度，即统一供种、统一技术、统一管理、统一用药、统一质量、统一收购、统一价格。购买苗种时，由合作社统一联系，邀请有资质、有技术保障的公司送种到家，负责技术指导。同时利用远程教育、广播、会议培训、发放技术资料等形式传授养殖技术。这种"七统一"的管理制度，不仅可以扩大当地泥鳅的养殖规模，依靠规模效应增加了他们在市场上的话语权，而且还避免了养殖户之间的无序相互竞争压价。

第二节 稻田养殖泥鳅的前景

一、泥鳅在稻田中养殖的基础

泥鳅的生长与饵料、饲养密度、水温、性别和发育时期有非常大的关系，尤其是饵料的适口性与丰歉关系极大。在人工饲养泥鳅条件下，刚孵出的泥鳅苗经 20 天左右的培育便可达 3 厘米，1 龄时可长成 80～100 尾/千克的商品鳅。因此每尾体重 10 克以上的商品泥鳅，在稻田的生态环境下，一般养殖期为 1 年左右，这与水稻一年生长一季正好匹配，这也是泥鳅与水稻进行连作的理论基础之一。

二、稻鳅连作共作的原理

在稻田里养殖泥鳅，是利用稻田的浅水环境，辅以人为措施，既种稻又养鳅，以提高稻田单位面积效益的一种生产形式。

稻田养殖泥鳅共生原理的内涵就是以废补缺、互利共生、化害为利，在稻田养鳅实践中，人们称为"稻田养鳅，鳅养稻"。稻田是一个人为控制的生态系统，稻田养了泥鳅，促进稻田生态系中能量和物质的良性循环，使其生态系统又有了新的变化。稻田中的杂草、虫子、底栖生物和浮游生物对水稻来说不但是废物，而且都是争肥的。如果在稻田里放养鱼、虾、蟹、鳅，特别是像泥鳅这一类杂食性的鱼类，它们不仅可以利用这些生物作为饵料，促进自身生长，消除争肥对象，而且泥鳅的粪便还为水稻提供了优质肥料。另外，泥鳅在田间栖息，游动觅食，疏松了土壤，破碎了土表"着生藻类"和氮化层的封固，既有效改善了土壤通气条件，又加速肥料的分解，促进了稻谷生长，从而达到鳅稻双丰收的目的。同时泥鳅在水稻田中还有除草保肥作用和灭虫增肥的作用。

稻田是一个综合生态体系，在水稻种植过程中，人们要进行稻田施肥、灌水等生产管理。但是稻中的许多营养却被与水稻共生的动物、植物等所猎取，造成水肥的浪费。在稻田生态体系中，放进泥鳅后，整个体系就发生了变化。因为泥鳅几乎可以食掉在稻田中消耗养分的所有生物群落，起到生态体系的"截流"作用。这样既能减少稻田肥分的损失和敌害的侵蚀，促进水稻生长，又能将废物转换成有经济价值的商品泥鳅。稻田养泥鳅是综合利用水稻、泥鳅的生态特点达到稻鳅共生、相互利用，从而获得稻鳅双丰收目的的一种高效立体生态农业，是动植物生产有机结合的典范，是农村种养殖立体开发的有效途径，其经济效益是单作水稻的 1.5～3 倍。

三、稻田养殖泥鳅的优点

稻田养殖泥鳅具有很大的优势，利用稻田养殖泥鳅，既节约水面，又能获得粮食，具有成本低、管理容易的优点；既增产稻谷，又增产泥鳅，是农民致富的措施之一。

（1）适应泥鳅的生存环境。一方面泥鳅是温水性鱼类，而稻田里的表层温度非常适宜泥鳅的生长；另一方面泥鳅喜栖息于底层腐裂土质的淤泥表层，同时它也是杂食性鱼类，喜欢夜间在浅水处觅食，而稻田的水位较浅，底质肥沃，正好满足了它的这个要求。

（2）不破坏稻田原生态系统及不增加使用水资源。此种情况下，可以做到一水两用、一地双收的效果，直接提高经济效益。

（3）生态效应更为突出。稻田为泥鳅的摄食、栖息等提供良好的生态环境；泥鳅在稻田中生活，可直接吃掉稻田中的多种生物饵料，包括蚯蚓、水蚯蚓、摇蚊幼虫、枝角类、紫背浮萍、田间杂草及部分稻田害虫，甚至不投饵饲料，也能获得较好的经济效益，起到生物防治虫害的部分功能，既节省了农药，又减少了粮食污染。

（4）实现了种养结合，提高了农田利用率。稻田养殖泥鳅是利用稻田实现种植与养殖相结合的一种新的养殖模式，稻田养殖泥鳅，可以充分利用稻田的空间、温度、水源及饵料优势，促进稻鳅共生互利、丰稻增鳅，大大提高稻田综合经济效益的一条好路子。另外，泥鳅具有在水底泥中寻找底栖生物的习性，其觅食过程可起到松土的作用，从而促进水稻根部微生物的活动，使水稻分枝根加速形成，壮根促长。

（5）降本增效明显。一方面利用稻田养鳅，不用另开鱼池，节地节水，是保护环境、发展经济的可选方式之一；另一方面水稻能吸取泥鳅的排泄物补充所需肥料，起追肥作用，可以减少农户对稻田的农药、肥料的投入，降低成本。

（6）成鳅在稻田浅水中上下游动，能促进水层对流、物质交换，特别是能增加底层水的溶氧。

（7）泥鳅新陈代谢所产生的二氧化碳，是水稻进行光合作用不可缺少的营养物，是有效的生态合理循环。

四、稻鳅连作共作的特点

1. 立体种养殖的模范

在同一块稻田中既能种稻也能养鳅，把植物和动物、种植业和养殖业有机结合起来，更好地保持农田生态系统物质和能量的良性循环，实现稻鳅双丰收。泥鳅的粪便，可以使土壤增肥、减少化肥的施用。根据研究和试验，免耕稻田养鳅技术基本不用药，每亩化肥施用量仅为为正常种植水稻的 1/5 左右。

2. 环境特殊

稻田属于浅水环境，浅水期仅有 7 厘米的水，深水时也不过 20 厘米左右，因而水温变化较大。为了保持水温的相对稳定，鱼沟、鱼溜等田间设施是必须要做的工程之一，加高加固田埂，开挖沟凼，可大大增加稻田的蓄水能力，有利于防洪抗旱。另外水中溶解氧充足，经常保持在 4.5～5.5 毫克/升，且水经常流动交换，泥鳅的放养密度又低，所以鳅病较少。

3. 养鳅新思路

稻田养殖泥鳅的模式为淡水养殖增加了新的水域，它不需要占用现有养殖水面就可以充分利用稻田的空间来达到增产增效的目的，开辟了养鳅生产的新途径和新的养殖水域。

4. 保护生态环境，有利改良农村环境卫生

稻田是蚊子、钉螺等有害生物的滋生地，在稻田养殖泥鳅的生产实践中发现，泥鳅喜食并消灭绝大部分的蚊子幼虫等有害浮游生物和水稻害，从而减少了疟疾、血吸虫病等重大传染病的发生。由于泥鳅的活动基本能控制田间杂草的生长，因此可以不使用化学除草剂。利用稻田养殖泥鳅后，由于泥鳅能捕食稻田里的害虫作为饵料，因此基本上不用或少用农药；而且即使使用，农药也是低毒的，否则泥鳅自身也无法生活，大大降低了农业的面源污染。稻鳅连作的生产实践表明，稻田里及附近的摇蚊幼虫密度明显降低，最多可下降 50％左右，成蚊密度也会下降 15％左右。在稻田里养殖泥鳅，还可以减少甲烷等温度气体的排放。因此，科学实施稻田养殖泥鳅对改善农业生态环境、促进减排等有重要作用。

5. 增加收入

利用稻田养殖泥鳅后，改善了稻田的生态条件，促进了水稻有效穗和结实率的提高，水稻的平均产量不但没有下降，还会提高 5％～10％；同时每亩地还能收获相当数量的泥鳅，相对地降低了农业成本，增加了农民的实际收入，平均亩增纯利润达 1 500 元以上。

五、养泥鳅稻田的生态条件

养泥鳅的稻田为了获得稻鳅双丰收，需要一定的生态条件做保证。根据稻田养泥鳅的原理，笔者认为养鱼的稻田应具备以下几条生态条件：

（1）水温要适宜　一方面，稻田水浅，一般水温受气温影响甚大，有昼夜和季节变化，因此稻田里的水温比池塘的水温更易受环境的影响；另一方面，泥鳅是变温动物，其新陈代谢直接受水温的影响。因此，为了获取稻鳅双丰收，必须为它们提供合适的水温条件。

（2）光照要充足　光照不但是水稻和稻田中一些植物进行光合作用的能量来源，也是泥鳅生长发育所必需的。因此，可以这样说，光照条件直接影响稻谷产量和泥鳅的产量。每年的6～7月，秧苗很小，阳光可直接照射到田面上，促使稻田水温升高，浮游生物迅速繁殖，为泥鳅生长提供了饵料。水稻生长至中后期时，也是温度最高的季节，此时稻禾茂密，正好可以用来为泥鳅遮阴、躲藏，有利于泥鳅的生长和发育。

（3）水源要充足　水稻在生长期间是离不开水的，而泥鳅的生长更是离不开水。为了保持新鲜的水质，水源的供应一定要及时、充足，一是将养鳅稻田选择在不能断流的小河小溪旁；二是在稻田旁边人工挖掘机井，随时充水；三是将稻田选择在池塘边，利用池塘水来保证水源。如果水源不充足或得不到保障，则不可饲养泥鳅。

（4）溶氧要充分　稻田水中溶解氧的来源主要是大气中的氧气溶入水中，以及水稻和一些浮游植物的光合作用，因而氧气非常充分。水体中的溶氧越高，泥鳅摄食量就越多，生长也越快。因此长时间地维持稻田养鳅水体较高的溶氧量，可以增加泥鳅的产量。要使养殖泥鳅的稻田能长时间保持较高的溶氧量，一种方法是适当加大养鳅水体，主要技术措施是通过挖鱼沟、鱼溜和环沟来实现；二是尽可能地创造条件，保持微流水环境；三是经常换冲水；四是及时清除田中泥鳅未吃完的剩饵和其他生物尸体等有机物质，防止它们因腐败而导致水质的恶化。

（5）天然饵料要丰富　一般稻田由于水浅，温度高，光照充足，溶氧量高，因此适宜于水生植物生长，植物的有机碎屑又为底栖生物、水生昆虫和昆虫幼虫繁殖生长创造了条件，从而为稻田中的泥鳅提供较为丰富的天然饵料，有利于泥鳅的生长。

六、稻田养殖泥鳅的模式

根据生产需要和各地经验，稻田养殖泥鳅的模式可以归类为以下三种类型：

（1）稻鳅兼作型　也就是通常所说的稻鳅同养型，就是边种稻边养泥鳅，稻鳅两不误，力争双丰收。水稻田翻耕、晒田后，在鱼溜底部用有机肥做基肥，主要用来培养生物饵料供泥鳅摄食，然后整田。泥鳅种苗一般在插完稻秧后放养，单季稻田最好在第一次除草以后放养，双季稻田最好在第二季稻秧插完后放养。

单季稻养泥鳅，顾名思义就是在一季稻田中养泥鳅。单季稻主要是中稻田，也有用早稻田养殖泥鳅的。双季稻养泥鳅，顾名思义就是在同一稻田连种两季水稻，泥鳅也在这两季稻田中连养，不需转养。双季稻就是用早稻和晚稻连种，这样可以有效利用一早一晚的光合作用，促进稻谷成熟。

无论是一季稻还是两季稻，稻子收割后稻草最好都要还田。一方面可以为泥鳅提供隐蔽的场所，同时稻草本身可以作为泥鳅的饵料，在腐烂的过程中还可以培育出大量天然饵料。这种模式是利用稻田的浅水环境，同时种稻和养泥鳅，也不给泥鳅投喂饲料，让泥鳅摄食稻田中的天然食物，它不影响水稻的产量，每亩可增产120千克左右的泥鳅。

（2）稻鳅轮作型　也就是先种一季水稻，待水稻收割后晒田4～5天，施好有机肥培肥水质后，再暴晒4～5天，蓄水到40厘米深，然后投放泥鳅种苗，轮养下一茬的泥鳅，待泥鳅养成捕捞后，再开始下一个水稻生产周期，做到动植物双方轮流种养殖。其利用本地光照时间长的优点，当早稻收割后，可以加深水位，人为形成一个个深浅适宜的"稻田型池塘"，有利于保持稻田养殖泥鳅的生态环境。另外，稻子收割后稻草最好还田，因为稻草本身可以作为泥鳅的饵料，加上它在稻田慢慢腐败后可以培养大量的浮游生物，所以能确保泥鳅有更充足的养料，当然稻草还可以为泥鳅提供隐蔽的场所。

（3）稻鳅间作型　这种方式利用较少，就是利用稻田栽秧前的间隙培育泥鳅，然后将泥鳅起捕出售，稻田单独用来栽晚稻或中稻，这种情况主要是用来暂养泥鳅或囤养泥鳅。

七、影响稻田养殖泥鳅效益的因素

影响稻田养殖泥鳅产量和效益的因素主要有以下几种，养殖户在养殖时一定要注意，力求避免这些不利影响。

（1）泥鳅苗种的质量影响效益　质量差的泥鳅苗种，一般都不外乎以下几种情况：亲鱼培育得不好或用近亲繁殖的泥鳅苗；泥鳅苗繁殖场的孵化条件差、孵化用具不洁净，产出的泥鳅苗带有较多病原体（如病菌、寄生虫等）或受到重金属污染；高温季节繁殖的苗；泥鳅苗太嫩；经过几次"包装、发运、放田"折腾的同批泥鳅苗。

（2）养殖泥鳅的稻田条件不好　具体表现为单块稻田的面积太大且中间没有开挖田间沟；或稻田不平整，呈现出一边田头沟里的水体过深而另一边田头沟却没有水的情况；或因长年用于稻田养殖却没有对田埂进行维修或田间沟里的淤泥太厚等，导致稻田漏水、缺肥，泥鳅的生长不好，发育不良。

（3）养殖泥鳅的稻田残留毒性大　这对泥鳅的身体会造成严重损伤，甚至导致泥鳅大面积死亡。稻田塘中毒性存在的原因是：清塘时的药力尚未完全消失就放入苗种；施用了过量的没有腐熟或腐熟不彻底的有机肥作基肥；添加了其他用过农药的农田里的水源。

（4）养泥鳅的稻田敌害生物太多　这种情况可造成小泥鳅被大量捕食，降低泥鳅的成活率和产量。敌害生物太多的原因是：稻田的田间沟没有清塘，或清塘不彻底，或用的是已经失效的药物，或在注水混进了野杂鱼的卵、苗及蛙卵等敌害生物。

第三节　科学选址

养泥鳅的稻田在选择地址时，既不能受到污染，同时又不能污染环境，还要方便生产经营、交通便利且具备良好的疾病防治条件。在场址的选择上要重点考虑稻田位置、形状面积、地势、土质、水源、水深，防疫，交通，电源，周围环境，排污与环保等诸多方面。在可能的条件下，应采取措施，改造稻田，创造适宜的环境条件以提高水稻和泥鳅的产量。

一、养鳅稻田的自然条件

养泥鳅的稻田要有一定的环境条件才行，不是所有的稻田都能养泥鳅。因此在规划设计时，要充分勘查了解规划建设区的地形、水利等条件。有条件的地区可以充分考虑利用地势自流进排水，以节约动力提水所增加的电力成本。同时，还应考虑洪涝、台风等自然灾害的影响。对连片稻田的进排水渠道、田埂、房屋等建筑物时应注意考虑排涝、防风等问题。

二、对水源的要求

水源（彩图 16）是泥鳅养殖的先决条件之一，泥鳅适应性强，无污染的江、河、湖、库、井水及自来水均可用来饲养。在选水源的时候，首先保证供水量一定要充足，不能缺水，包括泥鳅养殖用水、水稻生长用水及工人生活用水，确保雨季水多不漫田、旱季水少不干涸、排灌方便，无低温冷浸水流入；其次是水源不能有污染，水质良好，符合饮用水标准。在养殖之前，一定要先观察养殖场周边的环境。不要将稻田建在化工厂附近，也不要建在有工业污水注入区的附近。

水源分为地面水源和地下水源。无论是采用那种水源，一般应选择在水量丰足、水质良好的水稻生产区进行养殖。如果采用河水或水库水等地表水作为养殖水源，要考虑设置防止野生鱼类进入的设施，以及周边水环境污染可能带来的影响。另外，水一般要经严格消毒以后才能使用。如果没有自来水水源，则应考虑打深井取水等地下水作为水源。因为在地下 8～10 米的深处，细菌和有机物含量相对减少。要考虑供水量是否满足养殖需求，一般要求在 10 天左右能够把稻田注满且能循环用水一遍。因此要求农田水利工程设施要配套，有一定的灌排条件。

根据泥鳅的生态习性，养殖用水溶解氧可在 3.0 毫克/升以上，pH 为 6.0～8.0，透明度在 15 厘米左右。

三、对土质的要求

稻田的土壤与水直接接触，对水质的影响很大。在养殖前，要充分调查了解当地的地质、土壤、土质状况。要求：一是场地土壤以往未被传染病或寄生虫病原体污染过；二是具有较好的保水、保肥、保温能力，有利于浮游生物的培育和增殖。不同的土壤和土质对泥鳅养殖的建设成本和养殖效果影响很大。

根据生产经验，饲养泥鳅稻田的土质要肥沃，有腐殖质丰富的淤泥层，以弱碱性、高度熟化的壤土最好，黏土次之，沙土最劣。由于黏性土壤的保持力强，保水力也强，渗漏力小，渗漏速度慢，干涸后不板结，因此这种稻田可以用来养泥鳅。而矿质土壤、盐碱土，以及渗水漏水、土质瘠薄的稻田均不宜养泥鳅。沙质土保水力差，在进行田间工程尤其是做田埂时容易渗漏、崩塌，不宜选用。含铁质过多的赤褐色土壤，浸水后会不断释放出赤色浸出物，这是土壤释放出的铁和铝，而铁和铝会将磷酸和其他藻类必需的营养盐结合起来，使藻类无法利用，也使施肥无效，对泥鳅生长不利，也不适宜选用。如果表土性状良好，而底土呈酸性，在挖土时，则尽量不要触动底土。底质的 pH 也是考虑的一个重要因素，pH 低于 5 或高于 9.5 的土壤地区不适宜养殖泥鳅。

另外，土质对饲养泥鳅效果的影响很大。生产实践表明，在黏质土中生长的泥鳅，身体黄色，脂肪较多，骨骼软嫩，味道鲜美；在沙质土中生长的泥鳅，身体乌黑，脂肪略少，骨骼较硬，味道也差。因此，养鳅稻田的土质以黏土质为好，呈中性或弱酸性。如果确实需要在沙质土质稻田里养殖泥鳅，可在放养前大量投放粪肥以改善底质，制造泥鳅良好的生长环境。

四、对面积和田块的要求

选作养鳅的稻田面积不宜过大，一般以 3～5 亩为好，最大的不宜超过 15 亩，通常选择低洼田、塘田、岔沟田。插秧前稻田水深保持 20 厘米以上。为了保证养泥鳅的稻田达到一定的水位，防止田埂渗漏，增加泥鳅活动的立体空间，有利于泥鳅的养殖，提高其产量，就必须加高、加宽、加固田埂。要求田埂比较厚实，一般比稻田平面高出 0.5～1 米，埂面宽 2 米左右，并敲打结实，堵塞漏洞。要求做到不裂、不漏、不垮，在满水时不能崩塌跑鱼，以防止逃鳅，同时可提高蓄水能力。如果条件许可，可以在防逃网的内侧种植一些黑麦草、南瓜、黄豆等植物。既可以为周边沟遮阳，又可以利用其根系达到护坡的目的。另外，还要求田面平整，稻田周围没有高大树木，桥涵闸站配套，保证通水、通电、通路。

五、稻田合理布局

根据养殖稻田面积的大小进行合理布局。养殖面积略小的稻田，只需在稻田四周开挖环形沟就可以了，水草要参差不齐、错落有致,以沉水植物为主,兼顾漂浮植物。养殖面积较大的田块,要设立不同的功能区,通常在稻田四个角落设立漂浮植物暂养区。环形沟部分种植沉水植物和部分挺水植物,田间沟部分则全部种植沉水植物。

六、交通运输条件

交通便利主要是考虑运输的方便,如饲料的运输、养殖设备材料的运输、鳅种及商品泥鳅的运输等。如果养殖泥鳅的稻田位置太偏僻,交通不便不仅不利于养殖户自己运输,还会影响客户的来往。另外,养殖泥鳅的稻田最好靠近饲料的来源地区,尤其是要优先考虑天然动物性饲料来源地。

第四节　田间工程建设

一、开挖田间沟

这是科学养泥鳅的重要技术措施,稻田因水位较浅,夏季高温对泥鳅的影响较大,因此必须在稻田四周开挖环形沟。在保证水稻不减产的前提下,应尽可能地扩大鱼沟和鱼溜面积,最大限度地满足泥鳅的生长需求。鱼沟的位置、形状、数量、大小应根据稻田的自然地形和面积大小来确定。一般来说,面积比较小的稻田,只需在田头四周开挖一条鱼沟即可;面积比较大的稻田,可每间隔 50 米左右在稻田中央多开挖几条鱼沟,当然周边沟较宽些,田中沟可以窄些(彩图 17)。

目前使用比较广泛的田沟有 4 种:沟溜式、田塘式、垄稻沟鱼式和流水沟式。

1. 沟溜式田间沟

沟溜式的开挖形式有多样,先在田块四周内外挖一套围沟,其宽 5 米、深 1 米,位置离田埂 1 米左右,以免田埂塌方堵塞鱼沟,沟上口宽 3 米、下口宽 1.5 米。然后在田内开挖多条"田""十""日""弓""井""川"等字形水沟，鱼沟宽 60～80 厘米、深 20～30 厘米。在鱼沟交叉处挖 1～2 个鱼溜，鱼溜开挖成方形、圆形均可，面积 1～4 米^2，深 40～50 厘米。鱼溜形状有长方形、正方形和圆形等，渔沟和渔溜等面积占稻田总面积的 5%～10%。鱼溜的作用是，当水温太高或偏低时，是泥鳅避暑防寒的场所；在水稻晒田和喷农药、施肥时，水稻晒田及夏季高温时是泥鳅的隐蔽、遮阴、栖息场所；同时，在起捕时便于集中捕捉，也可作为暂养池（彩图 18）。

2. 田塘式田间沟

也叫鱼凼式田间沟。田塘式有两种：一种是将养鱼塘与稻田接壤相通，泥鳅可在塘、田之间自由活动和吃食。另一种就是在稻田内部或外部低洼处挖一个鱼塘，鱼塘与稻田相通；如果是在稻田里挖塘，鱼塘的面积占稻田面积的 8%～10%，深度为 1 米。鱼塘与稻田以沟相通，沟宽、深均为 0.5 米（彩图 19）。

3. 垄稻沟鱼式田间沟

垄稻沟鱼式是把稻田的周围沟挖宽挖深，田中间也隔一定距离挖宽的深沟，所有宽的深沟都通鱼溜，养的鳅可在田中四处活动觅食。在插秧后，可把秧苗移栽到沟边。沟四周栽上占地面积约 1/4 的水花生作为泥鳅的栖息场所。

4. 流水沟式田间沟

流水沟式稻田是在田的一侧开挖占总面积 3%～5% 的鱼溜。接连溜顺着田开挖水沟，围绕田一周，在鱼溜另一端沟与鱼溜接壤，田中间隔一定距离开挖数条水沟，这些水沟均与围沟相通，形成一活的循环水体，这对田中的稻和泥鳅的生长都有很大的促进作用（彩图 20）。

二、加高、加固田埂

为了保证养殖泥鳅的稻田达到一定的水位，防止田埂渗漏，增加泥鳅活动的立体空间，有利于泥鳅的养殖，提高其产量，就必须加高、加宽、加固田埂。可将开挖环形沟的泥土垒在田埂上，确保田埂高 1.0～1.2 米、宽 1.5～2 米。并打紧夯实，要求做到不裂、不漏、不垮，在满水时不能崩塌跑鱼。如果条件许可，可以在防逃网的内侧种植一些黑麦草、南瓜、黄豆等，既可以为周边沟遮阳，又可以利用其根系达到护坡的目的（彩图 21）。

三、系统规划进、排水系统

泥鳅养殖的进、排水系统是非常重要的组成部分，进、排水系统规划建设的好坏直接影响泥鳅养殖的生产效果和经济效益。稻田养殖的进、排水渠道一般是利用稻田四周的沟渠建设而成，对于大面积连片养殖稻田的进、排水总渠在规划建设时应做到进、排水渠道独立，严禁进、排水交叉污染，防止泥鳅传播疾病。设计规划连片稻田进、排水系统时还应充分考虑稻田养殖区的具体地形条件，尽可能采取一级动力取水或排水，合理利用地势条件设计进、排水自流形式，降低养殖成本。可采取按照高灌低排的格局，建好进、排水渠，做到灌得进、排得出，定期对进、排水总渠进行整修消毒。稻田的进、排水口应用双层密网防逃，同时也能有效防止蛙卵、野杂鱼卵及幼体进入稻田危害泥鳅幼苗。为了防止夏天雨季冲毁田埂，可以开设一个溢水口。溢水口也用双层密网过滤，防止泥鳅乘机顶水逃走。

四、做好防逃措施

（1）搞好进排水系统。稻田的进排水口尽可能设在相对应的田埂两端，便于水均匀畅通地流经整块稻田。在进排水口处安装坚固的拦鱼设施，拦鱼设施可用铁丝网、竹条、柳条等材料制成。拦鱼栅应安装成圆弧形，凸面正对水流方向，即进水口弧形凸面面向稻田外部，排水口则相反。拦鱼栅孔大小以不阻水、不逃鱼为度，并用密眼铁丝网罩好，以防泥鳅逃逸。

（2）稻田四周最好构筑 50 厘米左右的防逃设施。可以考虑用水泥板 70 厘米×40 厘米，衔接围砌。水泥板与地面呈 90°角，下部插入泥土中 20 厘米左右，露出田泥 30 厘米左右，各水泥板相连处用水泥勾缝（彩图 22）。如果是粗养，只需加高、加宽田埂注意防逃即可。

（3）建造简易防逃设施。将稻田田埂加宽至 1 米，高出水面 0.5 米以上，可用农膜或塑料布或油毡纸铺垫并插入泥中 20 厘米围护田埂，以防漏洞、裂缝、漏水、塌陷而使泥鳅逃走。这种设施造价低，但防逃效果好。

第五节　放养前的准备工作

从鳅苗孵化，大约 60 天泥鳅就长到了 4 厘米左右，这时的鳅苗便可以放入大面积的稻田中进行养殖了。鳅苗入田之前，长期养殖的稻田需要经过精细的处理。

一、稻田清整

1. 清整的好处

稻田的环境条件直接影响泥鳅的生长、发育，因此可以说，稻田清整是改善泥鳅养殖环境条件的一项重要工作。对稻田进行清整，从养殖的角度上来看，有以下五个好处：

（1）提高水体溶解氧　稻田经一年的养殖后，环沟底部沉积了大量淤泥，一般每年沉积 10 厘米左右。如果不及时清整，淤泥越积越厚。稻田环沟里的淤泥过多，水中有机质也多，大量的有机质经细菌作用氧化分解，消耗大量溶解氧，使稻田下层水处于缺氧状态。在田间沟清整时把过量的淤泥清理出去，就人为地减轻了稻田底泥的有机耗氧量，也就是提高了水体的溶解氧。

（2）减少泥鳅得病的概率　淤泥里不仅存在各种病菌，而且过多淤泥也易使水质变坏，水体酸性增加，病菌易于大量繁殖。清整田间沟能杀灭水中和底泥中的各种病原菌等，减少泥鳅疾病的发生概率。

（3）杀灭有害物质　清淤可以杀灭对泥鳅尤其是鳅苗的有害生物，如蛇、鼠和水生昆虫；以及吞食鳅苗的野杂鱼类，如鲶鱼、乌鳢等。

（4）加固田埂　养殖时间长的稻田，有的田埂由于泥鳅经常性打洞而被掏空，有的田埂出现崩塌现象。在清整环沟的同时，可以将底部的淤泥挖起放在田埂上，拍打紧实，加固田埂。

（5）增大了蓄水量　当沉积在环沟底部的淤泥得到清整后，可扩大环沟的容积，增加水深，即增加稻田的蓄水量。

2. 清整的方法

（1）暴晒　对于多年使用的稻田尤其是田间沟，阳光的暴晒是非常重要的，一般可利用冬闲时进行暴晒。先将田间沟里的水抽干，查洞堵漏，疏通进排水管道，翻耕底部淤泥，将田间沟的底部晒成龟背状，这样对于消灭稻田的有毒微生物有很大好处。

（2）及时挖出底层淤泥　对于那些多年进行泥鳅养殖的稻田来说，鳅苗入田之前，必须要清除田间沟底层里过多的淤泥。一般情况下，用铁锹挖起底部过多的淤泥，并将其集中在一起，然后用小车将其推到远离稻田的地方处理，也可以用来加固田埂。同时也要对田埂进行检查，堵塞漏洞，疏通进排水管道。

二、稻田消毒

稻田是泥鳅生活栖息的场所，也是泥鳅病原体的贮藏场所。可以说，稻田环境的清洁与否，直接影响泥鳅的健康。因此，一定要重视稻田的消毒工作，这是预防鳅病和提高泥鳅产量的重要环节和不可缺少的措施之一，同时对泥鳅种苗的成活率和健康生长起着关键性的作用。

在稻田综合养殖泥鳅生产中，提前半个月左右采用各种有效方法对稻田进行消毒处理。用药物对稻田进行消毒，既可以有效预防泥鳅疾病，又能消灭水蜈蚣、水蛭、野生小杂鱼等敌害。在生产过程中常用的消毒药物有生石灰、漂白粉等。

1. 生石灰消毒

生石灰就是常说的石灰膏，是砌房造屋的必备原料之一，因此其来源非常广泛，而且价格低廉，是目前国内外公认的最好"消毒剂"之一。其既具有水质改良作用，又具一定的杀菌消毒功效。其缺点是用量较大，使用时占用的劳动力较多，而且生石灰有严重的腐蚀性，操作不慎，会对人的皮肤等造成一定伤害，因此在使用时要小心操作。

使用生石灰消毒稻田及田间沟，可迅速杀死敌害生物和病原体，如野杂鱼、各种水生昆虫、虫卵、螺类、青苔、寄生虫和病原菌及其孢子等。另外，生石灰与水反应后变成能疏松淤泥、改善底泥通气条件、加快底泥有机质分解的碳酸钙。在钙的作用下，释放出被淤泥吸附的氮、磷、钾等营养素，有改善水质、增强底泥肥力的作用，间接进行了施肥。生石灰消毒可分干法消毒和带水消毒两种方法。通常都是使用干法消毒，在水源不方便或无法排干水的稻田才用带水消毒法。

（1）干法消毒 在鳅苗放养前 20～30 天，排干环沟里的水，保留水深 5 厘米左右，并不是要把水完全排干。在环沟底中间选好点，一般每隔 15 米选一个点，挖成一个个小坑，小坑的面积约 1 米^2 即可。将生石灰倒入小坑内，用量为每亩环沟用生石灰 40 千克左右。加水后生石灰会立即溶化成石灰浆水，同时会放出大量的烟气和发出咕嘟咕嘟的声音。这时不等生石灰浆冷却，趁热向四周均匀泼洒，边缘和环沟中心及洞穴都要洒遍，泼浇生石灰后第 2 天用铁耙翻耕田间沟的底部淤泥。为了提高消毒效果，最好将稻田的中间也用石灰水泼洒一下，经 3～5 天暴晒后灌入新水。经试水确认无毒后，就可以投放鳅苗。

（2）带水消毒 对于那些排水不方便或者是为了抢农时，可采用带水消毒的方法。这种消毒措施的优点是消毒速度快，效果好；缺点是石灰用量较多。

在鳅苗投放前 15 天，每亩水面环沟水深 100 厘米时（这时不仅仅是环沟，整个稻田都进水，计算石灰用量时必须计算所有有水的稻田区域），用生石灰 150 千克溶于水中后，将生石灰放入大木盆、小木船、塑料桶等容器中化开成石灰浆，操作人员穿防水裤下水，将石灰浆全田均匀泼洒（包括田埂）。用带水法消毒虽然工作量大，但消毒效果很好，可以把石灰水直接灌进田埂边的鼠洞、蛇洞、泥鳅和鳝洞里，能彻底地杀死病害。

（3）测试余毒 就是测试水体中是否还有毒性，这在水产养殖中是经常应用的一项小技巧。

测试的方法是在消毒后的田间沟里放一只小网箱，在预计毒性已经消失的时间，向小网箱中放入 50 只小泥鳅苗。如果 24 小时内，网箱里的泥鳅既没有死亡也没有任何其他的不适反应，那就说明生石灰的毒性已经全部消失，这时就可以大量放养鳅苗。如果 24 小时内仍然有测试的鳅苗死亡，那就说明毒性还没有完全消失，这时可以再次换水 1/3～1/2，然后再过 1～2 天进行测试，直到完全安全后才能放养鳅苗。后文的药剂消毒毒性的测试方法与此相同。

2. 漂白粉消毒

漂白粉遇水后放出的次氯酸，具有较强的杀菌和灭敌害生物的作用，一般用含有效氯 30％ 左右的漂白粉。和生石灰消毒一样，漂白粉消毒也有干法消毒和带水消毒两种方式。使用漂白粉要根据稻田或环沟内水量的多少决定用量，防止用量过大将稻田里的螺蛳杀死。

（1）干法消毒 在用漂白粉消毒时，每亩田间沟的面积用 5～10 千克。使用时用木桶加水将漂白粉完全溶化后，全田均匀泼洒。

（2）带水消毒 在用漂白粉带水消毒时，要求水深 0.5～1 米，漂白粉的用量为每亩田间沟的面积用 10～15 千克。先用木桶或瓷盆内加水将漂白粉完全溶化后，再全稻田均匀泼洒；也可将漂白粉顺风撒入水中，然后划动田间沟里的水，使药物分布均匀。一般用漂白粉清整消毒后 3～5 天即可注入新水和施肥，再过两三天后就可投放鳅苗进行饲养。

3. 生石灰、漂白粉交替消毒

有时为了提高消毒效果，降低成本，就采用生石灰、漂白粉交替消毒的方法，这比单独使用漂白粉或生石灰消毒的效果好。此交替消毒也分为带水消毒和干法消毒两种。带水消毒，田间沟的水深1米时，每亩用生石灰 60～75 千克加漂白粉 5～7 千克。干法消毒，要求水深在 10 厘米左右，每亩用生石灰 30～35 千克加漂白粉 2～3 千克，化水后趁热全田泼洒。使用方法与前面两种相同，7 天后即可放泥鳅苗种。

4. 漂白精消毒

漂白精是含氯化合物，在水中溶解后产生的次氯酸具有极强的氧化杀伤能力。采用的浓度以次氯酸的含量为标准计算。漂粉精含有效氯 60% 左右。干法消毒时，可排干田间沟的水，每亩用有效氯占 60%～70% 的漂白精 2～2.5 千克。带水消毒时，每亩每米水深用有效氯占 60%～70% 的漂白精 6～7 千克。使用时，先将漂白精放入木盆或搪瓷盆内，加水稀释后全田均匀泼洒。

5. 茶粕（茶饼）消毒

水深 1 米时，每亩用茶粕 25 千克。将茶粕捣碎成粉末，放入容器中加热水浸泡一昼夜，然后加水稀释、调匀，连渣带汁全田均匀泼洒。消毒 10 天后毒性基本消失，可以投放鳅苗进行养殖。

6. 生石灰和茶碱混合消毒

此法适合稻田进水后用，把生石灰和茶碱放进水中溶解后，全田泼洒。生石灰每亩用量 50 千克，茶碱 10～15 千克。

7. 鱼藤酮消毒

使用含量为 7.5% 的鱼藤酮原液，水深 1 米时，每亩使用 700 毫升，加水稀释后装入喷雾器中全田喷洒。此法能杀灭几乎所有的敌害鱼类和部分水生昆虫，对浮游生物、致病细菌和寄生虫没有什么作用。消毒效果比前几种的差一些，7 天左右毒性消失后可以投放鳅苗。

8. 巴豆消毒

在水深 10 厘米时，每亩用 5～7 千克巴豆。将巴豆捣碎磨细装入罐中，也可以浸水磨碎成糊状装进酒坛，加烧酒 100 克或用 3% 的食盐水密封浸泡 2～3 天，用稻田里的水将巴豆稀释后连渣带汁全田均匀泼洒。10～15 天后，再注水 1 米深，待药性彻底消失后放养鳅苗。

9. 氨水消毒

使用方法是在水深 10 厘米时，每亩用量 60 千克。在使用时要同时加 3 倍左右的沟泥。目的是减少氨水的挥发，防止药性消失过快。一般是在使用 1 周后药性基本消失，这时就可以放养鳅苗。

10. 二氧化氯消毒

二氧化氯消毒是近年来才渐渐被养殖户所接受的一种消毒方式，它的消毒方法是先引入水源后再用二氧化氯消毒，用量为10～20 千克/（亩·米）水深，7～10 天后放苗。该方法能有效杀死浮游生物、野杂鱼虾类等，防止蓝绿藻大量滋生。放苗之前一定要试水，确定安全后才可放苗。值得注意的是，由于二氧化氯具有较强的氧化性，加上它易爆炸，容易发生危险事故，因此在贮存和消毒时一定要做好安全工作。

11. 消毒后要及时对水体解毒

在运用各种药物对水体进行消毒，杀死病原菌，除去杂鱼、杂虾、杂蟹等后，田间沟里会有各种毒性物质存在，这里必须先对水体进行解毒后方可用于养殖。

解毒的目的就是降解消毒药品的残毒及重金属、亚硝酸盐、硫化氢、氨氮、甲烷和其他有害物质的毒性，可在消毒除杂的 5 天后泼洒卓越净水王或解毒超爽或其他有效的解毒药剂。

三、稻田培肥

泥鳅的食性较杂，水体中的小动物、植物、浮游微生物、底栖动物及有机碎屑都是其食物。但是作为幼鳅，最好的食物还是水体中的浮游生物。因此，在泥鳅养殖阶段，采取培肥水质、培养天然饵料生物的技术是养殖泥鳅的重要保证。在稻田里适度施肥，能使饵料生物生长。稻田养殖泥鳅的施肥，可以分为两种情况：一种是在泥鳅放养前施基肥，用来培养天然饵料生物；另一种是在养殖过程中，为了保证有足够的浮游生物，必须及时、少量、均匀地追施有机肥。因此采取"以基肥为主、追肥为辅；以有机肥为主、无机肥为辅"的施肥原则。有机肥既可做基肥，也可做追肥。化肥则用以追肥为宜。

大田肥料施用量和施肥方法要根据稻田表土层富集养分、下层养分较少的养分分布特点，以及免耕抛秧稻扎根立苗慢、根系分布浅、分蘖稍迟、分蘖速度较慢、分蘖节位低、够苗时间较迟、苗峰较低等生育特点进行。在进行稻田养殖泥鳅时，基肥以腐熟的有机肥为主，于平田前施入沟、溜内。按稻田常用量施入鸡粪、牛粪、猪粪等农家肥，让其继续发酵腐化，以后视水质肥瘦适当施肥，以促进水稻稳定生长，保持中期不脱力、后期不早衰、群体易控制。在抛秧前2～3天施用，采用有机肥和化肥配合施用的增产效果最佳，且兼有提高肥料利用率、培肥地力、改善稻米品质等作用。每亩可施农家肥300千克、尿素20千克、过磷酸钙20～25千克、硫酸钾5千克。

基肥的施用时间也是有讲究的，过早施肥会生出许多大型的浮游动物，泥鳅苗种嘴小吞不下；过迟施肥浮游动物还没有生长，泥鳅苗种下田以后就找不到足够的饵料。如果施肥得当，水肥适中，适口饵料就很丰富，泥鳅苗种下田以后，成活率就高，生长也就快。

放养泥鳅后一般不施追肥，以免降低田中水体溶解氧，影响泥鳅的正常生长。如果发现稻田脱肥，则应及时少量施追肥。追肥以无机肥为主，采取勤施薄施的方式，以达到促分蘖、多分蘖、早够苗的目的。原则是"减前增后，增大穗、粒肥用量"，要求做到"前期轰得起（促进分蘖早生快发，及早够苗），中期控得住（减少无效分蘖数量，促进有效分蘖生长），后期稳得起（养根保叶促进灌浆）"。禾苗返青后至中耕前追施尿素和钾肥1次，每平方米田块用量为尿素 3 克、钾肥 7 克，以保持水体呈黄绿色。抽穗开花前追施人畜粪 1 次，每平方米用量为猪粪 1 千克、人粪 0.5 千克。为避免禾苗疯长和烧苗，人畜粪的有形成分主要施于围沟靠田埂边及溜沟中，并使之与沟底淤泥混合。

在追施肥料时，先排浅田水，让泥鳅集中到鱼沟中再施肥，有助于肥料迅速沉积于底泥中并为田泥和禾苗吸收，随即加深田水到正常深度；也可采取少量多次、分片撒肥或根外施肥的方法。在水稻抽穗期间，要尽量增施钾肥，以增强抗病，防止倒伏，提高结实，成熟时秆青籽黄。

在施肥培肥水质时还有一点应引起养殖户的注意，建议最好是用有机肥来培肥水质。在有机肥难以满足的情况下或者是稻田连片生产时，也可以施用化肥来培肥水质。这同样有效果，只是化肥的肥效很快，培养的浮游生物消失得也很快，因此需要不断地施肥。生产实践表明，如果施化肥，则可施过磷酸钙、尿素、碳铵等化肥。例如，每立方米水可施氮素肥 7 克、磷肥 1 克。

四、投放水生植物

在稻田的田间沟内应种些水生植物，如套种慈姑、浮萍、水浮莲、水花生、水葫芦等。覆盖面积占田间沟总面积的 1/4 左右，以便增氧、降温及遮阳，避免高温阳光直射，为泥鳅提供舒适、安静的栖息场所，有利泥鳅摄食生长。同时，水生植物的根部还能为一些底栖生物的繁殖提供场所。有的水生植物本身还具有一些效益，可以增加收入。当夏季田间沟中杂草太多时，应予清除，沟内可放养一些藻类或浮萍，既可以改善水质还可以作为泥鳅的植物性饲料。

五、养殖用水的处理

在稻田中大规模养殖泥鳅时，常常会涉及换水和加水，因此就必须对养殖用水进行科学的处理。根据目前我国养殖泥鳅的现状，通过物理方法对养殖用水进行处理较好。这些物理处理用水的方法包括通过栅栏、筛网、沉淀、过滤、挖掘移走底泥沉积物，进行水体深层曝气，定时进换水等工程性措施。

（1）栅栏的处理　栅栏用竹箔、网片组成。通常是将栅栏设置在稻田种养泥鳅区域的水源进水口，栅栏这样能防止水中较大个体的鱼、虾类、漂浮物、悬浮物及敌害生物进入养殖区域水体。

（2）筛网的处理　筛网一般会放置在水源进、水口的栅栏一侧，作为幼体孵化用水，以防小型浮游动物进入孵化容器中残害幼体。也可用筛网清除粪便、残饵、悬浮物等有机物。

（3）利用沉淀的方法进行处理　在养殖上一般采用沉淀池沉淀，沉淀时间根据用水对象确定，通常需要沉淀 48 小时以上。

（4）进行过滤处理　过滤是使水通过具有空隙的粒状滤层，使微量残留的悬浮物被截留，从而使水质符合养殖标准。

第六节　泥鳅的投养与管理

一、投放模式

成鳅养殖指的是从 5 厘米左右鳅种养成每尾 12 克左右的商品鳅。根据养殖生产的实践，稻田养殖泥鳅时的投放模式有两种。一种是当年放养苗种当年收获成鳅，就是 4 月前把体长 4～7 厘米的上年苗养殖到下年的 10～12 月收获。这样不仅有利于泥鳅生长，提高饲料效率，当年能达到上市规格；而且还能减少由于囤养、运输带来的病害与死亡。规格过大易性成熟，成活率低；规格太小到秋天不容易养殖成大规格商品泥鳅。第二种就是隔年下半年收获，也就是当年 9 月将体长 3 厘米的泥鳅养到翌年的 7～8 月收获。不同的养殖模式，其放养量和管理也有一定差别。

根据养殖效果，每年 4 月正是全国多数地区野生泥鳅上市的旺季。由于野生泥鳅价格便宜，此时正是开展野生泥鳅收购暂养的黄金季节，也是开展泥鳅苗人工繁殖的好时机。春季繁殖的泥鳅小苗一般养殖到年底就可以达到商品规格，完全可以实现当年投资当年获利的目标。而秋季繁殖的泥鳅小苗，可以在水温降低前育成条长6厘米左右的大规格冬品鳅苗，养殖到翌年的夏季就可以达到上市规格，若养到冬季出售，其规格较大。因此，每年4月以后就是开展泥鳅苗养殖的最好时节。

放养泥鳅的时间、规格、密度等会直接影响养殖的经济效益。由于4～5月上旬，正值泥鳅怀卵时期，这时候捕捞、放养的较大规格泥鳅，往往都已达到性成熟，经不住囤养和运输的折腾而受伤，在放苗后的15天内性成熟的泥鳅会大批量死亡，同时部分性成熟的泥鳅又不容易生长。因此建议放养时间最好避开泥鳅繁殖季节，可选在2～3月或6月中旬以后进行（彩图23至彩图26）。

二、放养品种

品种好坏直接影响产量，因此应选择具有生长快、繁殖力强、抗病的泥鳅苗种。鳅鱼最好是来源于泥鳅原种场或从天然水域捕捞的，要求体质健壮、无病无伤。

如果是自己培育的苗种，就用自己的苗种。如果是从外面的苗种，则要对品种进行观察筛选。泥鳅品种以黄斑鳅为最好，灰鳅次之，尽量减少青鳅苗的投放量。另外在放养时最好注意苗种供应商的泥鳅苗种来源，以人工网具捕捉的为好，杜绝电捕和药捕苗的放养。

三、放养时间

不同的养殖方式，放养鳅种的时间也有一定差别。如果是稻鳅轮作养殖方式，则应在早稻收割后，及时施入腐熟的有机物，然后蓄水，放养鳅种。如果是稻鳅兼作养殖方式，在放养时间上要求做到"早插秧，早放养"。单季稻放养时间宜在初次耘田后，双季稻放养时间宜在晚稻插秧1周左右当秧苗返青成活后。

四、放养密度

待田水转肥后即可投放鳅种。鳅种的放养密度除了取决于自身的来源和规格外，还要取决于稻田的环境条件、饵料来源、水源条件、饲养管理技术等。总之，要根据当地实际，因地制宜、灵活机动地投放鳅种。由于在稻田中养泥鳅一般是当年放养，当年收获。若规格为 6 厘米，放养量为每亩 4 万尾；体长 3 厘米左右的鱼种，在水深 40 厘米的稻中每亩放养 3 万尾左右，水深 60 厘米左右时可增加到 5 万尾左右，有流水条件及技术力量好的可适当增加。要注意的是，同一稻田中放养的鳅种要求规格均匀整齐，大小差距不能太大，以免大鳅吃小鳅，具体放养量要根据稻田和水质条件、饲养管理水平、计划上市规格等因素灵活掌握。

稻田内幼苗的放养量可用下式进行计算。

幼鳅放养量（尾）＝养鳅稻田面积（亩）×计划亩产量（千克）×预计上市规格（尾/千克）/预计成活率（％）

式中，计划亩产量，是根据往年已达到的亩产量，结合当年养殖条件和采取的措施，预计可达到的亩产量；预计成活率，一般可取 70％为计算；预计上市规格，根据市场的要求而确定适宜的规格。上式计算出来的数据可取整数放养。

五、放养时的处理

鳅种放养前用3％～5％的食盐水消毒，以降低水霉病的发生，浸洗时间为 5～10 分钟；用 1％的聚维铜碘溶液浸浴 5～10 分钟，杀灭鳅种体表的病原体；也可用 8～10 毫克/升的漂白粉溶液进行鱼种消毒，当水温在 10～15 ℃时浸洗时间为 20～30 分钟，以杀灭鳅种体表的病原菌，增加抗病能力；还可以用 5 毫克/升的福尔马林药浴 5 分钟，杀灭水霉菌及体表寄生虫，防止鳅苗带病入田。

一般情况下，养殖泥鳅的稻田最好不宜同时混养其他鱼类。

六、科学投饵

在粗养时，也就是放养量很少的情况下，稻田里的天然饵料已经能满足泥鳅的正常需求，此时不需要投喂。如果放养量比较大，还需要人工投喂饲料，以补充天然饵料的不足，促进成鳅生长。

1. 饵料的选择

泥鳅的食性很广，泥鳅苗种投放后，除施肥培肥水质外，应投喂人工饲料。饲料可因地制宜，除人工配合外，成鳅养殖还可以充分利用鲜、活动植物饵料，如蚯蚓、蝇蛆、螺肉、贝肉、野杂鱼肉、动物内脏、蚕蛹、畜禽血、鱼粉和谷类、米糠、麦麸、次粉、豆饼、豆渣、饼粕、熟甘薯、食品加工废弃物和蔬菜茎叶等。泥鳅特别爱吃动物性饵料，尤其是破碎的鱼肉。因此给泥鳅投喂的饵料以动物性饵料为主，有条件的可投喂配合浮性颗粒饲料。在这些饲料中，以蚯蚓、蚓蛆为最适口饲料。还可以在稻田中装 30～40 W 黑光灯或日光灯引诱昆虫。

2. 投饵量

泥鳅在摄食旺季，不能让其吃得太多。如果连续 1 周投喂单一高蛋白饲料（如鱼肉），泥鳅会因吃得太多而使肠道过度充塞，就会在田间沟中集群，并影响肠呼吸而大量死亡，因此应注意将高蛋白质饲料和纤维质饲料配合投喂。为了防止泥鳅待在食场贪食，可以多设一些食台（彩图 27 和彩图 28）。

另外，泥鳅食欲和饵料的选择还与水温有一定的关系。当水温在 20 ℃以下时，植物性饵料，占 60%～70%；当水温在 21～23 ℃时，动植物饵料各占 50%；当水温超过 24 ℃时，植物性饵料应减少到 30%～40%。

3. 投饵方式

投喂人工配合饲料时，一般每天上下午各喂 1 次。投饵应视水质、天气、泥鳅摄食情况灵活掌握，以翌日凌晨不见剩食或略见剩食为度。在泥鳅进入稻田后，先饥饿 2～3 天再投饵，投喂饲料要坚持"四定"的原则。

定点：开始投喂时，将饵料撒在鱼沟和田面上，以后逐渐缩小范围，将饵料主要定点投放在田内的沟、溜内，每亩田可设投饵点5～6处。这样会使泥鳅形成条件反射，集群摄食。

定时：因为泥鳅有昼伏夜出的特点，所以投饲时间最好掌握在17：00～18：00。投喂时可将饲料加水捏成团。

定量：投喂时一定要根据天气、水温及残饵的多少灵活掌握投饵量，一般占泥鳅总体重的2%～4%。鳅种放养第1周先不用投饵，1周后每隔3～4天投喂一次。如投喂太多，则会胀死泥鳅，污染水质；投喂太少，则会影响泥鳅的生长。气温低、气压低时少投；天气晴好、气温高时多投，以第2天早上不留残饵为准。7～8月是泥鳅生长的旺季，要求日投饵2次，投饵率为10%。10月下旬以后由于温度下降，泥鳅基本不摄食，应停止投饵。

定质：饵料以动物性蛋白饲料为主，力求新鲜不霉变。小规模养殖时，可以将培育的蚯蚓、利用稻田光热资源培育的枝角类等活饵喂泥鳅。

稻田还可就地收集和培养活饵料。例如，采取沤肥育蛆的方法来解决部分饵料的效果很好。方法是：用塑料大盆2～3个，盛装人粪、熟猪血等，然后将塑料大盆置于稻田中。当苍蝇产卵、蝇蛆长大后便会爬出落入水中供泥鳅食用。

七、防　逃

泥鳅善逃，当拦鱼设备破损、田埂坍塌或有小洞裂缝外通、汛期或下暴雨发生溢水时，泥鳅就会随水或钻洞逃逸。特别是遇大雨涨水时，往往在一夜之间逃走一半甚至更多。因此，泥鳅养殖的日常管理中重点是防逃，主要有以下几点措施。

（1）在清整稻田时，要同时清除田埂上的杂草，夯实和加固加高田埂，查看田埂是否有小洞或裂缝外通，如有则应及时封堵。

（2）在汛期或下暴雨时，要主动将部分田水排出，以确保稻田不被迅速淹没或发生漫田现象；同时，整理并加固田埂，及时堵塞漏洞，疏通进排水口及渠道。

（3）加强进排水口的管理，检查进排水口的拦鱼设备是否损坏。一旦有破损，就要及时修复或更换。在进水口常常会有新鲜水流入稻田中，泥鳅就会逆水流逃跑，因此要防止泥鳅从进水口逃跑。

（4）在饲养泥鳅的稻田四周安装防逃网，防逃网要求有30厘米以上高度，网下沿要扎入泥土中，以免漫水时泥鳅逃逸。

八、疾病防治

泥鳅发病的原因多是日常管理和操作不当，而且一旦发病，治疗起来也很困难。因此，对泥鳅的疾病应以预防为主。

（1）饲养环境要适于泥鳅的生长发育，减少应激反应。

（2）要选择体质健壮、活动强烈、体表光滑、无病无伤的苗种。

（3）在鳅苗下田前进行严格的鱼体消毒，杀灭鱼体上的病菌。

（4）投放合理的放养密度。放养密度太稀，则造成水面资源的浪费；太密，又容易导致泥鳅缺氧和生病。

（5）定期加注新水，改善稻田里的水质，增加田间沟里的水体溶解氧，调节水温，减少疾病的发生。

（6）加强饲料管理工作，观察泥鳅的摄食、活动和病害发生情况，绝不能投喂腐臭变质的饲料。否则，泥鳅易发生肠炎等疾病，同时要及时清扫食场、捞除剩饵。

（7）定期用药物进行全田泼洒消毒。杀灭田中的致病菌，可用1%的聚维酮碘全田泼洒。

（8）定期投喂药饵，并结合用硫酸铜和硫酸亚铁合剂进行食台挂篓挂袋，增强稻田中泥鳅的抗病力，防止疾病的发生和蔓延。

（9）捕捞运输过程中规范操作，避免由于人为原因而使鳅体受伤感染，引发疾病。

（10）定期检查泥鳅的生长情况，避免发生营养性疾病。

（11）加强每天巡田，及时捞出田中的病鳅、死鳅，查明发病死亡的原因，及时采取治疗措施。对病鳅和死鳅，要在远离饲养场所的地方，采取焚烧或深埋的方法进行处理，避免病源扩散。

九、预防敌害生物

泥鳅个体小，容易被敌害生物猎食，影响饲养效果。因此在饲养期间，要注意杀灭和驱赶敌害生物，如蛇、蛙、水蜈蚣、鸭子等。泥鳅的敌害生物种类很多，如鲶鱼、乌鳢等凶猛肉食性鱼类；以及其他与泥鳅争食的生物，如鲤、鲫、蝌蚪等。

预防的方法是：在鳅苗下田前用生石灰彻底清塘，杀灭稻田中的敌害和肉食性鱼类；在进水口处加设拦鱼网，防止凶猛肉食性鱼类和卵进入养鳅的稻田里；对于已经存在的大型凶猛性鱼类，要想方法清除；驱赶田边的家畜，防止鸭子等进入稻田内伤害泥鳅。

值得注意的是，对于青蛙应用手抄网将蛙卵或集群的蝌蚪轻轻捞出，将其投放到其他天然水域中。

十、起　捕

一般饲养 8～10 个月可以捕获，此时每尾体长达 15 厘米左右，体重达 10～15 克，已经达到商品规格。泥鳅的起捕方式很多（后文将作相应阐述），用须笼捕泥鳅效果较好，一块稻田中多放几个须笼，笼内放入适量炒过的米糠，须笼放在投饵场附近或隐蔽处捕获量较高，起捕率可达 80% 以上，当大部分泥鳅捕完后可外套张网放水捕捉（彩图 29 至彩图 34）。

第六章

水稻栽培技术

在稻田中养殖泥鳅时，水稻的适宜栽种方式有两种，一种是手工栽插，另一种就是采用抛秧技术。综合多年的经验和实际工作；以及栽秧时对泥鳅的影响因素，建议采用免耕抛秧技术。

稻田免耕抛秧技术是指不改变稻田的形状，在抛秧前未对稻田进行任何翻耕，待水层自然落干或排浅水后，将钵体软盘或纸筒秧培育出的带土块秧苗抛栽到大田中的一项新的水稻耕作栽培技术。这是免耕抛秧的普遍形式，也是非常适用于稻田养殖泥鳅的模式，是将稻田养鳅与水稻免耕抛秧技术结合起来的一种稻田生态种养技术。

水稻免耕抛秧在养鳅稻田的应用结果表明，该项技术具有省工节本、减少栽秧对泥鳅的影响和耕作对环沟的淤积影响、提高劳动生产率、缓和季节矛盾、保护土壤和增加经济效益等优点，深受农民欢迎，因而应用范围和面积不断扩大。

一、水稻品种选择

由于免耕抛秧具有秧苗扎根较慢、根系分布较浅、分蘖发生稍迟、分蘖速度略慢、分蘖数量较少等生长特点，加上养鳅稻田一般只种一季稻，因此选择适宜的高产优质杂交稻品种是非常重要的。水稻品种要选择分蘖及抗倒伏能力较强、叶片开张角度小、根系发达、茎秆粗壮、抗病虫害、抗倒伏、耐肥性强的紧穗型且穗型偏大的高产优质杂交稻组合品种，生育期一般以 140 天以上的品种为宜。目前常用的品种有Ⅱ优 63、D 优 527、两优培九、川香优 2 号等，另外汕优系列、协优系列等也可选择。

二、育苗前的准备工作

免耕抛秧育苗方法与常规耕作抛秧育苗大同小异，但其对秧苗素质的要求更高。

（1）苗床地的选择　免耕抛秧育苗床地比一般育苗要求略高一些，要求苗床没有被污染且无盐碱、无杂草。由于水稻的苗期生长离不开水，因此要求苗床地的进排水良好且土壤肥沃，在地势上要平坦高燥、背风向阳，四周要有防风设施的环境条件。

（2）育苗面积及材料　根据以后需要抛秧的稻田面积来计算育苗的面积，一般按1∶（80～100）的比例进行，也就是说育1亩地的苗可以满足80～100亩的稻田栽秧需求。

育苗用的材料有塑料棚布、架棚木杆、竹皮子、秧盘（钵盘每公顷400～500个），另外还需要浸种灵、食盐等。

（3）苗床土的配制　苗床土的配制原则是要求床土疏松、肥沃、营养丰富、养分齐全，手握时有团粒感，无草籽和石块，更重要的是要求配制好的土壤渗透性良好、保水保肥能力强、偏酸性等。

三、种子处理

（1）晒种　晴天，在干燥、平坦的地上平铺席子，将种子放在上面（或将种子平摊在水泥场上），厚度约3.5厘米，晒2～3天。提高种子活性的技巧是，白天晒种，晚上再将种子装起来，另外在晒时要经常翻动种子。

（2）选种　这是保证种子纯度的最后一关，主要是去除稻种中的瘪粒和秕谷，种植户自己可以做好处理工作。先将种子下水浸6小时，多搓洗几遍，捞除瘪粒。去除秕谷的方法也很简单，就是最好用盐水来选种。方法是先将盐水配制1∶13比重待用（一般可用501千克水加12千克盐制备），用鲜鸡蛋进行盐度测试（鸡蛋在盐水液中露出水面5分硬币大小即可）。把种子放进盐水液中，就可以去掉秕谷，捞出稻谷洗2～3遍即可。

（3）浸种消毒　浸种的目的是使种子充分吸水以利发芽；消毒的目的是通过对种子发芽前的消毒，来防治恶苗病的发生概率。目前在农业生产上用于稻种消毒的药剂很多，平时使用较为普遍的就是恶苗净（又称多效灵），这种药物对预防发芽后的秧苗恶苗病效果极好。使用方法也很简单，取本品一袋（每袋100克），加水50千克，搅拌均匀，然后浸泡稻种40千克，在常温下浸种5～7天即可（气温高时浸的时间短些，气温低时浸的时间长些），浸后不用清水洗可直接催芽播种。

（4）催芽　催芽是稻鳅连作共作的一个重要环节，就是通过一定的技术手段，人为地催促稻种发芽，这是确保稻谷发芽的关键步骤之一。生产实践表明，在28～32℃温度条件下进行催芽，能确保发出来的苗芽整齐一致。一些大型的种养户现在都有了催芽器，用催芽器进行催芽效果最好。对于没有催芽器的一般种养户来说，也可以通过一些技术手段达到催芽目的，在室内地上、火炕上或育苗大棚内催芽的效果也不错，且经济实用。

这里以一般的种养户来说明催芽的具体操作：第一步是先把浸种好的种子捞出，自然沥干。第二步是把种子放到40～50℃的温水中预热，待种子达到温热（约28℃）时，立即捞出。第三步是把预热处理好的种子装到袋子中（最好是麻袋），放置到室内垫好的地上（地上垫30厘米稻草，铺上席子）或者火炕上，种子袋上盖塑料布或麻袋。第四步是加强观察，在种子袋内插上温度计，随时察看温度，确保温度维持在28～32℃，同时保持种子的湿度。第五步是每隔6个小时左右将装种的袋子上下翻倒一次，使种子温度与湿度尽量上下、左右保持一致。第六步是晾种，这是因为种子在发芽的过程中会产生大量的二氧化碳，使口袋内部的温度自然升高，稍不注意就会因高温而被烤坏，因此要特别注意。照此步骤，一般2天时间就能发芽，当80%以上的种子破胸露白时就开始降温，适当凉一凉，待芽长1毫米左右时就可以用来播种。

四、播　种

（1）架棚、做苗床　一般用于水稻育苗棚的规格是长 20 米、宽 5～6 米，每棚可育秧苗 100 米^2 左右。为了更好地吸收太阳的光照，促进秧苗的生长发育，架设大棚时以南北向较好。

可以在棚内做两个大的苗床，中间为 30 厘米宽的步道，方便人进去操作和查看苗情。四周为排水沟，便于及时排出过多的雨水，防止发生涝渍。每平方米施腐熟农肥 10～15 千克，浅翻 8～10 厘米，然后搂平，浇透底水。

（2）播种时期的确定　稻种播种时期的确定，应根据当地当年的气温和品种熟期确定适宜的播种日期。这是因为气温决定了稻谷的发芽，而水稻发芽最低温为 10～12 ℃，因此只有当气温稳定在 10 ℃时方可播种，时间一般在 4 月上中旬。

（3）播种量的确定　播种量直接影响秧苗质量。一般来说，稀播能促进培育壮秧。旱育苗每平方米播量干籽 150 克、芽籽 200 克，机械插秧盘育苗每盘 100 克（2 两）芽籽、钵盘育的每盘 50 克（1 两）芽籽。超稀植栽培每盘播 35～40 克（0.7～0.8 两）催芽种子。总之播种量一定严格掌握，不能过大，对育壮苗和防止立枯病极为有利。

（4）播种方法　稻谷播种的方法通常有以下三种：

① 隔离层旱育苗播种：在浇透水置床上铺打孔（孔距 4 厘米，孔径 4 毫米），先铺塑料地膜，接着铺 2.5～3 厘米厚的营养土，每平方米浇 1 500 倍敌克松液 5～6 千克，盐碱地区可浇少量酸水（水的 pH 4），然后手工播种，播种要均匀，播后轻轻压一下，使种子和床土紧贴在一起，再均匀覆土 1 厘米，然后用苗床除草剂封闭。播后在上边再平铺地膜，以保持水分和温度，利于整齐出苗。

② 秧盘育苗播种：秧盘（长 60 厘米，宽 30 厘米）育苗每盘装营养土 3 千克，浇水 0.75～1 千克，播种后每盘覆土 1 千克。置床要平，摆盘时要盘盘挨紧，然后用苗床除草剂封闭。上面平铺

地膜。

③ 采用孔径较大的钵盘育苗播种：钵盘规格目前有两种规格，一是每盘有 561 个孔的，另一种是每盘有 434 个孔的。目前常规耕作抛秧育苗所用的塑料软盘或纸筒的孔径都较小，育出的秧苗带土少，抛到免耕大田中秧苗扎根迟、立苗慢、分蘖迟且少，不利于秧苗的前期生长和泥鳅及时进入大田生长。因此在进行稻鳅连作共生精准种养时，宜改用孔径较大的钵体育苗，这样可提高秧苗质量，利于秧苗的扎根、立苗及叶面积发展、干物质积累、增多有效穗数、增加粒数及提高产量。由于后一种育苗钵盘的规格能育大苗，因此提倡用 434 个孔的钵盘，每亩大田需用塑盘 42～44 个；育苗纸筒的孔径为 2.5 厘米，每亩大田需用纸筒 4 册（每册 4 400 个孔）。播种的方法是先将营养床土装入钵盘，浇透底水，用小型播种器播种，每孔播 2～3 粒（也可用定量精量播种器），播后覆土刮平。

五、秧田管理

俗话说"秧好一半稻"。育秧的管理技巧是：要稀播、前期干、中期湿、后期上水，培育带蘖秧苗，秧龄 30～40 天，可根据品种生育期长短，秧苗长势而定。因此秧苗管理要求管得细致，一般分四个阶段进行。

第一阶段是从播种至出苗时期。这段时间主要是做好大棚内的密封、保温、保湿工作，保证出苗所需的水分和温度。要求大棚内的温度控制在 30 ℃左右，如果温度超过 35 ℃时就要及时打开大棚的塑料薄膜，达到通风降温的目的。这一阶段水分控制是重点，如果发现苗床缺水时就要及时补水，确保棚内的湿度达到要求。如果苗床的底水未浇透或苗床有渗水现象，就会经常出现出苗前芽有干枯现象。一旦发现苗床里的秧苗出齐后就要立即撤去地膜，以免发生烧苗现象。

第二阶段是从出苗开始到出现 1.5 叶期。在这个阶段，秧苗对低温的抵抗能力较强，管理的重心是注意床土不能过湿，因为过湿的土壤会影响秧苗根的生长，因此在管理中要尽量少浇水。另外就是一定要控制好温度，适宜的温度控制在 20～25 ℃，在高温晴天时要及时打开大棚的塑料薄膜，以便通风降温。当秧苗长到一叶一心时，要注意防制立枯病的发生，可用立枯一次净或特效抗枯灵药剂。使用方法为每袋 40 克兑水 100～120 千克，浇施 40 米² 秧苗面积。如果播种后未进行药剂封闭除草，一叶一心期是使用敌稗草的最佳时期，用 20% 敌稗乳油兑水 40 倍于晴天无露水时喷雾，用药量每亩 1 千克，施药后棚内温度控制在 25 ℃ 左右，半天内不要浇水，以提高药效。另外，这一阶段的管理工作还要防止苗枯现象或烧苗现象的发生。

　　第三阶段是从 1.5 叶到 3 叶期。这一阶段是秧苗的离乳期前后，也是立枯病和青枯病的易发期，更是培育壮秧的关键期，因此这一时期的管理工作千万不可放松。由于这一阶段秧苗的特点是对水分最不敏感，但是对低温的抗性强。因此在管理时，都是将床土水分控制在一般旱田状态，平时保持床面干燥就可以了，只有当床土有干裂现象时才能浇水，这样做的目的是促进根系发达。棚内的温度可控制在 20～25 ℃，在遇到高温晴天时，要及时通风炼苗，防止秧苗徒长。此阶段最重要的管理工作就是要追一次离乳肥，每平方米苗床内施硫酸铵 30 克兑水 100 倍喷浇，施后用清水冲洗一次，以免化肥烧叶。

　　第四个阶段是从 3 叶期开始直到插秧或抛秧。水稻采用免耕抛秧栽培时，要求培育带蘖壮秧，秧龄要短，适宜的抛植叶龄为 3～4 片叶，一般不要超过 4.5 片叶。抛后大部分秧苗倒卧在田中。适当的小苗抛植，有利于秧苗早扎根，较快恢复直生状态，促进早分蘖，延长有效分蘖时间，增加有效穗数。这一时期的重点是做好水分管理工作，因为这一时期不仅秧苗本身的生长发育需要大量水分，而且随着气温的升高，蒸发量也大，培育床土也容易干燥。因此浇水要及时、充分，否则秧苗会干枯甚至死亡。由于临近插秧期，这时外部气温已经很高，基本上达到秧苗正常生长发育所需的温度条件，因此大棚内的温度宜控制在 25 ℃以内。中午时全部掀开大棚的塑料薄膜，保持大通风。白天可以放下棚裙，晚上当外部温度达 10 ℃以上时可不盖棚裙。为了保证秧苗进入大田后的快速返青和生长，一定要在插秧前 3～4 天追一次"送嫁肥"，每平方米苗床用硫酸铵 50～60 克，兑水 100 倍，然后用清水洗一次。还有一点需要注意的是为了预防潜叶蝇，在插秧前用 40％乐果乳液兑水 800 倍在无露水时进行喷雾。插前人工拔一遍大草。

六、培育矮壮秧苗

在进行稻鳅连作共生精准种养时，为了兼顾泥鳅的生长发育和在稻田活动时对空间和光照的要求，在培育秧苗时都要控制秧苗高度。为了达到秧苗矮壮、增加分蘖和根系发达的目的，可适当应用化学调控的措施，如使用多效唑、烯效唑、ABT 生根粉、壮秧剂等。目前育秧最常用的化学调控剂是多效唑，使用方法为：①拌种。按每千克干谷种用多效唑 2 克的比例计算多效唑用量，加入适量水将多效唑调成糊状，然后将经过处理、催芽破胸露白的种子放入拌匀，稍干后即可播种。②浸种。先浸种消毒，然后按每千克水加入多效唑 0.1 克的比例配制成多效唑溶液，将种子放入该药液中浸 10～12 小时后催芽。这种方式对稻鳅连作共生精准种养的育秧比较适宜。③喷施。未经多效唑处理的种子，应在秧苗的一叶一心期用 0.02％～0.03％的多效唑药液喷施。

七、抛秧移植

（1）施足基肥 每亩施用经充分腐熟的农家肥 200～300 千克、尿素 10～15 千克。这些肥料均匀撒在田面并用机器翻耕耙匀。施用有机肥料，可以改良土壤，培肥地力，因为有机肥料的主要成分是有机质。秸秆含有机质达 50％以上，猪粪、马粪、牛粪、羊粪、禽粪等有机质含量达 30％～70％。有机质不仅是农作物养分的主要资源，还有改善土壤物理性质和化学性质的功能。

（2）抛植期的确定　抛植期要根据当地温度和秧龄确定，免耕抛秧适宜的抛植叶龄为 3～4 片叶，各地要根据实际情况选择适宜的抛植期。在适宜的温度范围内，提早抛植是取得免耕增产的主要措施之一。抛秧应选在晴天或阴天进行，避免在北风天或雨天中抛秧。抛秧时大田保持泥皮水。

（3）抛植密度　抛植密度要根据品种特性、秧苗秧质、土壤肥力、施肥水平、抛秧期及产量水平等因素综合确定。在正常情况下，免耕抛秧的抛植密度要比常耕抛秧的有所增加，一般增加10％左右。但是在稻鳅连作共生精准种养时，为了给泥鳅提供充足的生长活动空间，建议和常规抛秧的密度相当，每亩的抛植数以1.8万～1.9万科为宜。

八、人工移植

在稻田与泥鳅综合种养时，重点提倡免耕抛秧，当然还可以实行人工秧苗移植，也就是常说的人工栽插。

（1）插秧时期确定　在进行稻鳅连作共生精准种养时，人工插秧的时间还是有讲究的。建议在 5 月上旬插秧（5 月 10 日左右），最迟一定要在 5 月底全部插秧完毕，不插 6 月秧。影响具体插秧时间的因素还有：一是根据水稻的安全出穗期来确定插秧时间，水稻安全出穗期间的温度以 25～30 ℃较为适宜。只有保证出穗有适合的有效积温，才能保证安全成熟，江淮一带每年以 8 月上旬出穗为宜；二是根据插秧时的温度来决定插秧时间，一般情况下水稻生长最低温度 14 ℃，泥温 13.7 ℃，叶片生长温度是 13 ℃；三是要根据主栽品种生育期及所需的积温量安排插秧期，要保证有足够的营养生长期，中期的生殖期和后期有一定灌浆结实期。

（2）人工栽插密度　插秧质量要求，垄正行直、浅播、不缺穴。合理的株行距不仅能使个体（单株）健壮生长，而且能促进群体最大发展，最终获得高产。可采取条栽与边行密植相结合、浅水栽插的方法，插秧密度与品种分蘖力强弱、地力、秧苗素质及水源等密切相关。分蘖力强的品种插秧时期早，土壤肥沃或施肥水平较高的稻田，秧苗健壮，移植密度以 30 厘米×35 厘米为宜，每穴 4～5 棵秧苗，确保泥鳅生活环境通风透气性能好；对于肥力较低的稻田，移栽密度为 25 厘米×25 厘米；对于肥力中等的稻田，移栽密度以 30 厘米×30 厘米左右为宜。

（3）改革移栽方式　为了适应稻鳅综合种养的需要，在插秧时可以改革移栽方式。目前效果不错的主要有两种改良方式：一种是三角形种植，以（30×30）厘米～（50×50）厘米的移栽密度、单窝 3 苗呈三角形栽培（苗距 6～10 厘米），做到稀中有密、密中有稀，促进分蘖，提高有效穗数；另一种是用正方形种植，也就是行距、窝距相等呈正方形栽培，这样做的目的是可以改善田间通风透光条件，促进单株生长，同时有利于泥鳅的运动和生长。

第七章

稻鳅综合种养的管理

第一节　水质与水色防控

　　泥鳅在稻田中的生活、生长情况是通过水环境的变化来反映的，水是养殖泥鳅的载体，各种养鳅措施也都是通过水环境作用于泥鳅的。因此，水环境成了养鳅者和泥鳅之间的"桥梁"，是养殖成败的关键因素。人们研究和处理在稻田里养鳅生产中的各种矛盾，主要从泥鳅的生活环境着手，根据泥鳅对稻田水质的要求，人为地控制稻田水质，使其符合泥鳅生长的需要。水环境不适宜时，泥鳅不能很好地生长，甚至影响成活率。

　　在养殖过程中，要加强对水质的监管，这是因为稻田里的水质好坏将直接影响泥鳅的捕食和生长。水质不佳时可引起泥鳅摄食量下降。尤其是在水质不良时，如果仍然按照平时的投喂量来投喂，就会出现残饵，剩余的饵料会加剧水质、底质的恶化，造成恶性循环，严重时会导致泥鳅窒息死亡。泥鳅食性杂，不同发育阶段所需食物种类也有变化。因此，应随着幼鳅个体的增大、摄食能力的逐渐增强，相应投喂必需的饵料，忌用霉烂变质饲料，并要掌握适宜投饵量以保持水质良好，促进泥鳅的迅速生长，预防病害发生（彩图35）。

一、水位调节

　　水位调节，是稻田养泥鳅过程中的重要一环。这是因为稻田水域是水稻和泥鳅共同的生活环境，稻田养泥鳅，水的管理应以水稻为主，主要依据水稻的生产需要兼顾泥鳅的生活习性适时调节，多采取"前期水田为主，多次晒田，后期干干湿湿灌溉法"。免耕稻田前期渗漏比较严重，秧苗入泥浅或不入泥，大部分秧苗倾斜、平躺在田面，以后根系的生长和分布也较浅，对水分要求极为敏感，因此在水分管理上要掌握勤灌浅灌、多露轻晒的原则。盛夏高温季节，田内应适当加灌深水，调节水温，避免泥鳅被烫死。为了保证水源的质量，同时为了保证成片稻田养泥鳅时不出现相互交叉感染，要求进水渠道最好是单独专用的。

（1）立苗期的水位管理　抛秧后 5 天左右是秧苗的扎根立苗期，应在泥皮水抛秧的基础上，继续保持浅水水层 10 厘米左右，以利早立苗。如遇大雨，应及时将水排干，以防漂秧。此时期若灌深水，则易造成倒苗、漂苗，不利于秧苗扎根；若田面完全无水易造成叶片萎蔫，根系生长缓慢。这一阶段的泥鳅要么可以暂时不放养，要么可以在稻田的一端进行暂养，也可以放养在田间沟里，具体的方法各养殖户可根据自己的实际情况灵活掌握。

（2）分蘖期的水位管理　抛秧后 5～7 天，一般秧苗已扎根立苗，并渐渐进入有效分蘖期，此时可以放养泥鳅，田水宜浅，一般水层可保持在 10～15 厘米。始蘖至够苗期，应采取薄水促分蘖，切忌灌深水，以保证水稻的正常生长。坚持每周换水一次，换水 5厘米。

（3）孕穗至抽穗扬花期的水位管理　这一阶段也是泥鳅的生长旺盛期，泥鳅的不断长大和水稻的抽穗、扬花、灌浆均需大量水。在幼穗分化期后保持湿润，在花粉母细胞减数分裂期要灌深水养穗，严防缺水受旱。可将田水逐渐加深到 20～25 厘米，以确保两者（泥鳅和稻）的需水量。在抽穗始期后，田中保持浅水层，可慢慢地将水深再调节到 20 厘米以下，既增加泥鳅的活动空间，又促进水稻的增产，使抽穗快而整齐，并有利于开花授粉。同时，还要注意观察田沟水质变化，一般每 3～5 天换冲水一次；盛夏季节，每 1～2 天换冲新水，以保持田水清新。

（4）灌浆结实期的水位管理　灌浆期间采取湿润灌溉，保持田面干干湿湿至黄熟期。注意不能过早断水，以免影响结实率和千粒重。

根据免耕抛秧稻分蘖较迟、分蘖速度较慢、够苗时间比常耕抛秧稻迟2～3天、高峰苗数较低、成穗率较高的生育特点，适当推迟控苗时间，采取多露轻晒的方式露晒田。

二、全程积极调控水质

水是泥鳅赖以生存的环境，对泥鳅的生长发育极为重要，也是疾病发生和传播的重要途径，因此稻田水质的好坏直接关系泥鳅的生长、疾病的发生和蔓延。除了正常的农业用水外，在泥鳅整个养殖过程中水质调节非常重要，应做到以下几点。

（1）及时调整水色 要保持稻田里的水质"肥、活、爽"，养殖泥鳅的稻田水色以黄绿色为佳，透明度以20～30厘米为宜，溶解氧的含量达到3.5毫克/升以上，pH为7.6～8.8。经常观察水色变化，当发现水色变为茶褐色、黑褐色或水体溶解氧含量低于2毫克/升时，要及时加注新水，更换部分老水，定期开启增氧机，以增加水体的溶解氧含量，避免泥鳅产生应激反应。

（2）及时施肥 通常每隔15天施肥1次，每次每亩施有机肥15千克左右。也可根据水色的具体情况，每次每亩施1.5千克尿素或2.5千克碳酸氢铵，以保持田水呈黄绿色。

（3）及时消毒 6～10月每隔2周用二氧化氯消毒1次。若发现水质已富营养化，还可结合使用微生态制剂，适当施一些芽孢杆菌、光合细菌等，以控制水质。光合细菌每次用量为使田水成5～6克/米^{3}水体浓度，施用5～7天后水质即可好转。

（4）对温度进行有效控制 泥鳅最适宜生长水温为18～28℃，当水温达30℃时泥鳅大部分钻入泥中避暑，极易造成缺氧窒息死亡。此时要经常更换稻田里的水，并增加水深，以调节水温和增加水体溶解氧。当泥鳅常游到水面浮头"吞气"时，表明水中缺氧，应停止施肥，注入新水；同时还要采取遮阳措施，在稻田的田间沟里栽种莲藕等挺水植物遮阳，降低水温。

（5）每天检查、打扫食台一次，观察泥鳅摄食情况　每20天用20克/米³生石灰全田泼洒一次，每半月用漂白粉1克/米³消毒食场一次。

（6）防止缺氧　夏季清晨，如果只有少数泥鳅浮出水面，或不停地上下蹿游，这种情况属于轻度缺氧，太阳升起后便自动消失；如果有大量的泥鳅浮于水面，驱之不散或散后迅速集中，就是比较严重缺氧，这时一定要及时解救。

（7）做好底质调控工作　在日常管理中做到适量投饵，减少剩余残饵沉底，并定期使用底质改良剂（如投放过氧化钙、沸石等，投放光合细菌、活菌制剂等）。

三、危险水色的防控和改良

泥鳅养到中后期，稻田底部的有机质除了耗氧腐败底质外，也对藻类的营养有一定作用，可以部分促进藻类生长。在中后期，更要防止危险水色的发生，并对这种危险水色进行积极的防控和改良（彩图36和彩图37）。

（1）青苔水　田间沟中青苔大量繁衍对泥鳅苗种成活率和养殖效益的影响极大。造成青苔在稻田中蔓延的主要原因有：①人为诱发。主要是水稻栽插早期，稻田里的水位较浅和光照较强所致。②水源中有较多的青苔。稻田在进水时，水源中的青苔随水流进入稻田中，在适宜的水温、光照、营养等条件下大量繁衍。③大量施肥。养殖户发现田间沟中的水草长势不够理想或发现已有青苔发生，便采用大量施无机肥或农家肥的方式进行肥水，施肥后青苔生长加快，直至稻田的田间沟和田面泛滥过多。④过量投喂。在泥鳅的养殖过程中投喂饲料过多，剩余饲料沉积在田间沟的底部，发酵后引起青苔孳生。

常见的预防措施有：①放养鳅苗前，最好将稻田里的水抽干，包括田间沟里的水要全部抽干并暴晒1个月以上；②在对田间沟清整时，按每亩稻田（田间沟的面积）用生石灰 75～100 千克化浆全田泼洒；③在消毒清整田间沟 5 天后，必须用相应的药物进行生物净化，不仅消除养殖隐患，同时还消除青苔和泥皮；④适度肥水，防止青苔发生；⑤合理投喂，防止饲料过剩，饲料必须保持新鲜。

（2）老绿色（或深蓝绿色）水　稻田中尤其是田间沟里微囊藻（蓝藻的一种）大量繁殖时，易造成水质混浊，透明度在 20 厘米左右。通常在稻田的下风处，水表层往往有少量绿色悬浮细末。若不及时处理，稻田里的水会迅速老化，藻类易大量死亡。泥鳅长期在这种水体中生活就容易发病，导致生长缓慢，活力衰弱。一旦稻田里的水出现这种情况时，一是立即换排水；二是可全田泼洒解毒药剂，减轻微囊藻对泥鳅的毒性。

（3）黄泥色水　又称泥浊水，主要是由于稻田尤其是田间沟的底质老化，底泥中有害物质含量超标，底泥丧失应有的生物活性。还有一种造成黄色水的原因是，稻田中含黄色鞭毛藻，稻田的田间沟中积存太久的有机物，这些有机物经细菌分解后使稻田水的 pH 下降。养殖户大多采取聚合氯化铝、硫酸铝钾等化学净水剂处理，但是只能有一时之效，却不能除根。一旦稻田里的水出现这种情况，一是要及时换水，增加溶氧，如 pH 太低可泼洒生石灰调解；二是及时引进 10 厘米左右的含藻水源；三是用肥水培藻的生化药品在晴天于 9:00 全田泼洒，目的是培养水体中的有益藻群；四是待有益藻群培育起来后，再追肥来稳定水相和藻相，此时将水色由黄色向黄中带绿-淡绿-翠绿转变。

（4）油膜水　就是在稻田里尤其是田间沟的下风处会出现一层像油膜一样的水。这是一种很不好的水色，也是稻田里水质即将发生质变、恶化的前兆。发生这种情况的原因主要有：一是稻田里的水长期没有更换，形成死水，导致田间沟里的水质开始恶化，沟底部产生大量有毒物质，导致大量浮游生物死亡，尤其是藻类的大量死亡，在下风口水面形成一层油膜。二是在给泥鳅大量投喂劣质饲料时，这些饵料没有及时被泥鳅摄食完毕，会形成残饵漂浮在水面上。三是稻田里的稻桩腐烂、霉变产生的漂浮物与水中悬浮物构成一道混合膜。一旦稻田里的水出现这种情况时，一是要加强对养鳅稻田的巡查工作，关注下风口处，把烂草、垃圾等漂浮物打捞干净。二是排换水 5～10 厘米后，使用改底药物全田泼洒，改良底部。三是在改底后的 5 小时内，施用市售的药品全田泼洒，破坏水面膜层。四是在破坏水面膜层后的第 3 天用解毒药物进行解毒，解毒后再泼洒相关药物来修复水体，净化水质。

第二节　养护稻田的底质管护

一、底质对泥鳅生长和疾病的影响

泥鳅是典型的底栖类生活习性，它们的生活生长都离不开底质。因此，稻田底质尤其是田间沟底质的优良与否会直接影响泥鳅的活动能力，从而影响它们的生长、发育，甚至影响其生命，进而会影响养殖产量与养殖效益。

底质，尤其是长期养殖泥鳅的稻田底质，往往是各种有机物的集聚之所，这些底质中的有机质在水温升高后会慢慢地分解。在分解过程中，它一方面会消耗水体中大量的溶解氧；另一方面，有机质在分解后往往会产生各种有毒物质，如硫化氢、亚硝酸盐等，结果就会导致泥鳅不适应这种环境，轻则会影响生长，造成上市成鳅的规格普遍偏小，价格偏低，养殖效益也会降低；重则会导致泥鳅中毒，甚至死亡。

二、底质不佳的原因

稻田田间沟底质变黑发臭的原因，主要有以下几点：

（1）清淤不彻底　在冬春季节清淤不彻底，田间沟里过多的淤泥没有被及时清理出去，造成底泥中的有机物过多，这是底质变黑的主要原因之一。

（2）田间沟设计不科学　一些养殖泥鳅的稻田设计不合理，田间沟的开挖不科学，有的养殖户为了夏季蓄水或者是考虑到泥鳅度夏的需求，部分田间沟的水体开挖得较深，上下水体形成了明显的隔离层，造成田间沟的底部长期缺氧，从而导致一些厌氧性细菌大量繁殖，水体氧化能力差，水体中有毒有害物质增多，底质恶化，造成底部有臭气。

（3）投饵不讲究　一方面，一些养殖户投饵不科学，饲料利用率较低，长期投喂过量的或者是投喂蛋白质含量过高的饲料。这些过量的饲料并没有被泥鳅及时摄食利用，从而沉积在底泥中。另一方面，泥鳅新陈代谢产生的大量粪便也沉积在底泥中，为病原微生物的生长繁殖提供了条件。这些病原微生物消耗稻田水体中大量的氧气，同时还分解释放出大量的硫化氢、沼气、氨气等有毒有害物质，使底质出现恶臭。

（4）用药不恰当　在泥鳅养殖过程中，有的养殖户投放苗种的密度较大，为了防治鳅病，大量使用杀虫剂、消毒剂、抗生素等药物，甚至农药鱼用，并且用药剂量越来越大。这样在养殖过程中，养殖残饵、粪便、死亡动物尸体和杀虫剂、消毒剂、抗生素等化学物在田间沟的底部沉淀，形成黑色污泥。污泥中含有丰富的有机质，厌氧微生物占主导地位，严重破坏了田间沟底质的微生态环境，导致各种有毒有害物质恶化底质，从而危害泥鳅。还有一些养殖户并不遵循科学养殖的原理，不充分保护和利用稻田水体的自我净化能力，长期用药不当，破坏了水体的自净能力，经常使用一些化学物质或聚合类药物，如大量使用沸石粉、木炭等吸附性物质为主的净水剂，这些药物在絮凝作用的影响下沉积于底泥中，从而造成田间沟的底质变黑发臭。

（5）青苔影响底质　在养殖前期，由于青苔较多，许多养殖户会大量使用药物来杀灭青苔。这些死亡后的青苔并没有被及时地清理或消解，而是沉积于底泥中。另外在养殖中期，还有一部分水生生物的尸体也沉积于底泥中，随着水温的升高，这些尸体就会慢慢腐烂，从而加速底质变黑发臭。

一般情况下，稻田的底质腐败时，水体和底质中的重金属含量会明显超标，泥鳅在生长过程中，长期缺乏营养或营养达不到需求时生长速度就会受到影响。

三、底质与疾病的关联

在淤泥较多的田间沟中，有机质的氧化分解会消耗掉底层本来并不多的氧气，造成底部处于缺氧状态，形成所谓的"氧债"。在缺氧条件下，厌氧性细菌大量繁殖，分解田间沟底部的有机物质而产生大量有毒的中间产物，如 NH_3、NO_2^-、H_2S、有机酸、低级胺类、硫醇等。这些物质大都对泥鳅有着很大的毒害作用，并且会在水中不断积累，轻则会影响泥鳅的生长，增大饵料系数，增加养殖成本；重则会提高泥鳅对细菌性疾病的易感性，导致泥鳅中毒死亡。

另外，当底质恶化、有害菌大量繁殖，水中有害菌的数量达到一定峰值时，泥鳅就可能可能发病（如肠炎病）等。

四、科学改底的方法

（1）用微生物或益生菌改底　提倡采用微生物型或益生菌来进行底质改良，达到养底护底的效果。充分利用复合微生物中各种有益菌的功能优势，发挥它们的协同作用，将残饵、排泄物、动植物尸体等影响底质变坏的隐患及时分解消除，以便有效地养护底质和水质，同时有效地控制病原微生物的蔓延扩散。

（2）快速改底　快速改底可以使用一些化学产品混合而成的改底产品，但是从长远的角度来看，还是尽量不用或少用化学改底产品，建议使用微生物制剂的改底产品，通过有益菌（如光合细菌、芽孢杆菌等）的作用来达到改底目的。

（3）间接改底　在稻田里养殖泥鳅时，一定要做好间接护底的工作。可以在饲料中长期添加大蒜素、益生菌等微生物制剂，因为这些微生物制剂是根据动物正常的肠胃菌群配制而成，利用益生菌代谢的生物酶补充泥鳅体内内源酶的不足，促进饲料营养的吸收转化，降低粪便中的有害物质含量，排出来的芽孢杆菌又能净水，达到水体稳定、及时降解的目的，全方面改良底质和水质。因此不仅能降低泥鳅的饵料系数，还能从源头上解决泥鳅排泄物对底质和水质的污染，节约养殖成本。

（4）采用生物肥培养有益藻类　定向培养有益藻类，适当施肥并防止水体老化。养殖稻田不怕"水肥"，而是怕"水老"。因为"水老"藻类才会死亡，才会出现"水变"，但水肥不一定"水老"。可以定期使用优质高效的水产专用肥来保证肥水效率，如生物肥水宝、新肽肥等。这些肥水产品都能被藻类及水产动物吸收利用，但却不污染底质。

五、养鳅中后期底质的养护与改良

泥鳅养到中后期，投喂量逐步增加，吃得多，排泄得也多，加上多种动植物的尸体累加沉积在田间沟的底部，因此沟底的负荷逐渐加大。这些有机物如果不及时采取有效的处理措施，会造成底部严重缺氧。这是因为这些有机质的腐烂至少要耗掉总溶氧的50%以上，在厌氧菌的作用下，就容易发生底部泛酸、发热、发臭，滋生致病原。另外在这种恶劣的底部环境下，一些致病菌特别是弧菌容易大量繁殖，从而导致泥鳅的活力减弱，免疫力下降。这些底部的细菌和病毒交叉感染，使泥鳅容易暴发细菌性与病毒性并发症疾病，最常见的就会发生偷死、白斑、黑鳃、烂鳃等病症。因此，应引起养殖户的高度重视。

在泥鳅养殖一个半月左右，就要开始对田间沟底质做一些清理隐患的工作。所谓隐患，是指剩余饲料、粪便、动植物尸体中残余的营养成分。消除的方法就是使用针对残余营养成分中的蛋白质、氨基酸、脂肪、淀粉等进行培养驯化的具有超强分解能力的复合微生物改底与活菌制剂，如一些市售的底改王、水底双改、黑金神、底改净、灵活100、新活菌王、粉剂活菌王等。这些制剂既可避免底质腐败产生很多有害物质，还可抑制病原菌的生长繁殖。同时还可以将那些有害物质转化成水草、藻类的营养盐供藻类吸收，促进水草、藻类的生长，从而起到增强藻相新陈代谢的活力和产氧能力，稳定正常的 pH 和溶解氧的作用。实践证明，采取上述措施处理行之有效。

　　一般情况下，田间沟里的溶氧量在 1:00～6:00 时最少，这时不能用药物来改底；在气压低、闷热无风天的时候，即使在白天泼洒药物，也要防止泥鳅出现应激反应和田间沟底部局部缺氧。如果没有特别问题时，建议在这种天气不要改底。晴天中午改底效果比较好，能从源头上解决田间沟里溶解氧低下的问题，增强水体的活性。中后期改底每 7～10 天进行 1 次，在高温天气（水温超过 30 ℃）每 5 天进行 1 次。但是改底产品的用量稍减，也就是掌握少量多次的原则。这是因为沟底水温偏高时，底部有机物的腐烂速度要比平时快 2～3 倍，所以改底的次数相应地要增加（彩图 38 和彩图 39）。

第三节　稻鳅连作共作时的几个重要管理环节

一、科学施肥

　　大田肥料施用量和施肥方法要根据稻田表土层富集养分、下层养分较少的养分分布特点，以及免耕抛秧稻扎根立苗慢、根系分布浅、分蘖稍迟、分蘖速度较慢、分蘖节位低、够苗时间较迟、苗峰较低等生育特点进行。在进行稻鳅连作共作精准种养时，稻田一般以施基肥和腐熟的农家肥为主，以促进水稻稳定生长，保持中期不脱力、后期不早衰、群体易控制。在抛秧前 2～3 天，采用有机肥和化肥配合施用的增产效果最佳，且兼有提高肥料利用率、培肥地力、改善稻米品质等作用。每亩可施农家肥 300 千克、尿素 20 千克、过磷酸钙 20～25 千克、硫酸钾 5 千克。如果是采用复合肥作基肥则每亩可施 15～20 千克。

　　放鳅苗后一般不施追肥，以免降低田中水体溶解氧，影响泥鳅的正常生长。如果发现稻田脱肥，可少量追施尿素，采取勤施薄施方式，每亩不超过 5 千克，以达到促分蘖、多分蘖、早够苗的目的。原则是"减前增后，增大穗、粒肥用量"，要求做到"前期轰得起（促进分蘖早生快发，及早够苗），中期控得住（减少无效分蘖数量，促进有效分蘖生长），后期稳得起（养根保叶促进灌浆）"。施肥的方法是先排浅田水，让泥鳅集中到鱼沟中再施肥，有助于肥料迅速沉积于底泥中并为田泥和禾苗吸收，随即加深田水到正常深度；也可采取少量多次、分片撒肥或根外施肥的方法。在水稻抽穗期间，要尽量增施钾肥，可增强抗病、防止倒伏、提高结实、成熟时达到杆青籽黄。

二、科学施药

　　稻田养鳅能有效抑制杂草生长，泥鳅可以摄食昆虫，降低病虫害，因此要尽量减少除草剂及农药的施用。泥鳅入田后，若再发生草荒，可人工拔除。如果确因稻田病害或鳅病严重需要用药时，应掌握的关键点是：①科学诊断，对症下药；②选择高效、低毒、低残留的农药；③喷洒农药时，一般应加深田水，降低药物浓度，减少药害，也可放干田水再用药，待 8 小时后立即上水至正常水位；④粉剂药物应在早晨露水未干时喷施，水剂药和乳剂药应在下午喷洒；⑤降水速度要缓，等泥鳅爬进鱼沟后再施药；⑥可采取分片分批的用药方法，即先施稻田一半，过 2 天再施另一半，同时尽量要避免农药直接落入水中，以保证泥鳅的安全。

三、科学晒田

　　水稻在生长发育过程中的需水情况是在变化的，对于养泥鳅的水稻田来说，养泥鳅需水与水稻需水是主要矛盾。田间水量多，水层保持时间长，对泥鳅的生长是有利的，但对水稻生长却是不利。农谚对水稻用水进行了科学的总结，那就是"浅水栽秧、深水活棵、薄水分蘖、脱水晒田、复水长粗、厚水抽穗、湿润灌浆、干干湿湿"。具体来说，就是当秧苗在分蘖前期湿润或浅水干湿交替灌溉可促进分蘖早生快发；到了分蘖后期"够苗晒田"，即当全田总苗数（主茎＋分蘖）达到每亩 15 万～18 万时排水晒田，对长势很旺或排水困难的田块，应在全田总苗数达到每亩 12 万～15 万时开始排水晒田；到了稻穗分化至抽穗扬花时，可浅水灌溉促大穗；最后在灌浆结实期时，可采用干干湿湿交替灌溉、养根保叶促灌浆的技术措施。

生产实践中总结的一条经验是"平时水沿堤，晒田水位低，沟溜起作用，晒田不伤鳅"。晒田前，要清理鱼沟鱼溜，严防鱼沟阻隔与淤塞。晒田总的要求是轻晒或短期晒，晒田时沟内水深保持在 13～17 厘米，使田块中间不陷脚，田边表土无裂缝和发白，以见水稻浮根泛白为适度。晒好田后，及时恢复原水位。尽可能不要晒得太久，以免泥鳅缺食太久而生长受到影响。

四、科学管理田水

稻田水域是水稻和泥鳅共同的生活环境，稻田养泥鳅，水的管理主要依据水稻的生产需要兼顾泥鳅的生活习性适时调节，多采取"前期水田为主，多次晒田，后期干干湿湿灌溉法"。盛夏高温季节，田内适当加灌深水，调节水温，避免泥鳅被烫死。水稻分蘖前，用水适当浅些，以促进水稻生根分蘖，坚持每周换水一次，换水 5 厘米。在换水后 5 天，每亩用生石灰化浆后趁热全田均匀泼洒。8 月下旬开始晒田，晒田时降低水位到田面以下 3～5 厘米，然后再灌水至正常水位。从水稻拔节孕穗期开始至乳熟期，保持水深 5～8 厘米，往后灌水与露田交替进行，直到 10 月中旬。露田期间要经常检查进出水口，严防水口堵塞和泥鳅外逃。雨季到来时，要做好平水缺口的管理工作。

五、科学防治病虫害

（1）水稻的病虫害预防 水稻的病害预防主要是做好稻瘟病、穗颈瘟病、纹枯病、白叶枯病、细菌性条斑病等的防治。特别要注意加强对三化螟的监测和防治，浸田用水的深度和时间要保证。同时，防治螟虫要细致、彻底。所有的用药一定是低毒、高效的生化药物，不得用违禁药物。应选择高效低毒浓药，如井冈霉素、杀虫双、三环唑等，而且应分批下药。喷药时，喷头向上对准叶面喷施，不要把药液喷到水面。并采取加高水位、降低药物浓度或降低水位，只保留鱼沟、鱼溜有水的办法，防止农药对泥鳅产生不良影响。要注意的是喷雾药剂宜选在稻叶露水干之后进行，喷粉药剂宜在露水干之前进行。另外，也不要使用除草剂。

对于稻田的虫害，可以减少施药次数，一方面泥鳅能摄食部分田间小型昆虫（包括水稻害虫），故虫害较少；另一方面，可在稻田里设置太阳能灭虫灯杀虫（彩图40），利用物理方法杀死害虫，同时这些落到稻田里的害虫也是泥鳅的好饵料。

（2）泥鳅病害的预防 对泥鳅病害的防治，在整个养殖过程中，始终坚持预防为主、治疗为辅的原则，主要有以下几个方面：

① 在泥鳅入田时对稻田、鳅种进行严格消毒，杜绝病原菌入田。

② 在鳅种搬动、放养过程中，不要用干燥、粗糙的工具，保持鳅体湿润，防止损伤。及时捞出、隔离病鳅，要防止传播疾病，并请技术人员或有经验的人员诊断、治疗。

③ 对泥鳅的疾病以预防为主，一旦发现病害，立即诊断病因，并科学诊治。

④ 定期防病治病，每半月用生石灰或漂白粉泼洒四周环沟一次，或定期用漂白粉或生石灰等消毒田间沟，以预防鳅病。例如，生石灰挂篓，每次2~3千克，分3~4个点挂于沟中；漂白粉0.3~0.4千克，分2~3处挂袋。

⑤ 定期使用鱼血散等内服药拌饲投喂，以防肠炎等病的发生。每月用中草药药饵 10～20 克，配 50 千克饲料投喂 2～3 天，防止赤皮病的发生。

⑥ 坚持防重于治的原则，养殖泥鳅的稻田水浅，要常换新水，保持水质清新。

（3）敌害生物的预防　稻田里常见的敌害有水蛇、青蛙、蟾蜍、水蜈蚣、老鼠、黄鳝、水鸟等，应及时采取有效措施驱逐或诱灭之，平时及时做好灭鼠工作，春夏季需经常清除田内蛙卵、蝌蚪等。笔者在技术服务过程中发现，水鸟和麻雀都喜欢啄食幼小的泥鳅，因此一定要注意及时将其驱除。在放鳅苗的初期，稻株茎叶不茂，田间水面空隙较大，此时泥鳅个体也较小，活动能力较弱，逃避敌害的能力较差，容易被敌害侵袭。到了收获时期，由于田水排浅，泥鳅有可能到处爬行，目标会更大，也易被鸟、兽捕食。对此，要加强田间管理，并及时驱捕敌害，有条件的可在田边设置一些彩条或稻草人，以恐吓、驱赶水鸟。另外，当泥鳅放养后，还要禁止家养鸭子下田沟。

六、其他日常管理

在水稻田里养殖泥鳅，除了做好施肥、施药、田水管理和投喂饵料外，还要加强其他的日常管理，这样才能做到稻鳅双丰收，达到高产、高效的目的。

（1）做到专人负责管理　经常整修加固田埂。力争天天能巡田一两次，以便及时发现问题并处理问题。

（2）防止暴雨季节泥鳅逃逸　事前应采取防备措施，如加高田埂和加大排水力度等。降水量大时，将田内过量的水及时排出，以防泥鳅逃逸。

（3）加强巡查力度　看看鱼溜、鱼沟是否畅通，检查、修复防逃设施，特别是在稻田晒田、施肥、施药前和阴雨天更要注意仔细检查漏洞，并及时堵塞漏洞，清除进排水口拦鱼栅上的杂物。

（4）注意观察泥鳅的活动情况　如果发现泥鳅时常游到水面"换气"或在水面游动，表明要注入新水，此时应停止施肥。

（5）双季晚稻栽种时，最好采用免耕法　一是可避免泥鳅受到机械损伤；二是要严防天敌，如水蛇、鸭等下田吞食泥鳅。

（6）注意水源的供应　严禁含有甲胺磷、毒杀酚、呋喃丹、五氯酚钠等剧毒农药的水流入。

七、稻谷收获后的稻桩处理

稻谷收获一般采取收谷留桩的办法，然后将水位提高至 40～50 厘米，并适当施肥，以促进稻桩返青，为泥鳅提供避阳场所及天然饵料来源。收割时稻桩留得低了一些，水淹的时间长了一点，稻桩就会腐烂。这就相当于人工施了农家肥，可以提高培育天然饵料的效果。但要注意不能长期让水质处于过肥状态，可适当通过换水来调节。

第八章

泥鳅的捕捞与运输

第一节　泥鳅的捕捞

捕捉泥鳅，是养殖泥鳅中必须要做的一项工作。由于泥鳅不像其他鱼类一样容易捕捉，因此一方面为了提高工作效率，另一方面也是为了保证作为种鳅和鳅苗不受损伤，必须正确捕捉泥鳅。

一、捕捞时间

当泥鳅每尾长到15～20克时，便可起捕上市。成鳅一般在10月开始捕捞，原则是捕大留小，宜早不宜晚，以防天气突变。收捕前要测温，北方地区泥鳅的收捕温度应在15℃以上。

二、诱捕泥鳅

1. 诱捕方法

诱捕泥鳅是常用且有效的捕捉方法。根据诱饵的不同，可将泥鳅的诱捕分为以下几类。

（1）食饵诱捕　把煮熟的猪骨头、牛骨头、羊骨头、炒米糠、麦麸、蚕蛹与腐殖土等混合，装入麻袋（或地笼、小型网具或其他鱼笼）中，袋上要开些孔，傍晚将袋沉入田底，用其香味引诱泥鳅，翌日太阳出来之前便可捕捞大量泥鳅。实践表明，装食饵的麻袋等选择在下雨前沉入田底最好，在饵料和香味散失后，要重新装上饵料。经过多次捕捞，此法约可捕到稻田中80%的泥鳅。

（2）盆装食饵诱捕　一种方式是将辣椒粉、米糠混合炒香后用泥浆拌和装进脸盆里，晚上将脸盆埋在塘里，第二天泥鳅就会钻满脸盆。

另一种方法是在盆内放上一些煮熟的猪骨头、羊骨头，用布盖严盆后，再用绳子沿盆边扎紧系牢，在盖布的中间部位开一个泥鳅能钻入的小孔；傍晚时把盆安放在稻田的泥中，使盆口与塘底面平齐，泥鳅闻到香味后便会顺孔钻入盆内。

（3）稻田中食饵诱捕　稻田中养的泥鳅，可以用以下两种方式来诱捕：一种方式是选择晴天，用炒米糠或蚕蛹放在深水坑处诱集泥鳅后再捕捞。诱捕前应在傍晚把稻田里的水慢慢放干，再将诱饵装入麻袋或鱼笼内并沉入深坑。此法在4月下旬到5月下旬的中午实施效果好，在8月夜间实施时的效果也较理想。

另一种方法是将晒干的油菜秆浸没在田侧沟道中，待油菜秆逸出甜质香味后，泥鳅便闻味而聚，此时可围埂捕捞。

（4）竹篓诱捕　准备1只口径20厘米左右的竹篓，另取2块纱布用绳缚于竹篓口，在纱布中心开一直径4厘米的圆洞；10厘米左右长的布筒，一端缝于2块纱布的圆孔处，纱布周围也可缝合，但需留一边不缝，以便放诱饵。将菜籽饼或菜籽炒香研碎，与铁片上焙香的蚯蚓（焙时滴白酒）一起混合即成诱饵。将诱饵放入2层纱布中，蒙于竹篓中，使中心稍下垂（不必绷直）。傍晚将竹篓放在有泥鳅的田、池、库或沟渠中，第二天早上收回。此法在闷热天气或雷雨前后施行效果最佳。竹篓口顺着水流方向放，一次可诱捕数十条甚至几百条泥鳅，而且泥鳅不受伤，可作为养殖用的种苗。

（5）草堆诱捕　将水花生或野杂草堆成小堆，放在岸边或塘的四角，过3~4天用网片将草堆围在网内，把两端拉紧，使泥鳅逃不出去，此时捞出网中的草，泥鳅便落在网中。草捞出后仍堆放成小堆，以便继续诱泥鳅进草堆然后捕捞。草堆诱捕方法适合水库、池塘、石缝、稻田的田间沟、深泥等水域和沟渠中的泥鳅。

（6）鱼篓诱捕　此法是在鱼篓中放入麦麸、糠、土豆、动物内脏等饵料来诱捕泥鳅，在捕鱼过程中，要不断改善诱饵质量，使其更适合泥鳅的口味。可在诱饵中加入香油、烤香的红蚯蚓，或用葵花籽饼拌韭菜、炒香的麦麸（米糠）等作诱饵。

2. 诱捕注意事项

（1）一定要选择泥鳅喜欢吃的饵料，主要是一些有浓郁腥味的蛋白饵料。

（2）要掌握泥鳅习性，根据它多在夜间摄食的习性，把诱捕时间重点放在夜间。

（3）掌握诱捕温度，水温在 25～27 ℃时。泥鳅食欲最盛，此时诱捕效果更好；水温超 30 ℃和低于 15 ℃，泥鳅食欲减退捕效较差。

（4）在产卵期和生长盛期时，也有泥鳅在白天摄食的，故白天也可引诱捕捞。

三、网捕泥鳅

1. 拉网捕捞

对于养殖密度较高的稻田，可以用拉网的方式来捕捞泥鳅。用捕捞家鱼苗、鱼种的池塘拉网，或专门编织起来的拉网扦捕稻田里养殖的泥鳅。作业时，先清理水中的阻碍物，尤其是专门设置的食场木桩等，然后将鱼粉或炒米糠、麦麸等香味浓厚的饵料做成团状的硬性饵料，放入食场作为诱饵（此时经过驯化后，食场主要集中在田间沟里）。等泥鳅上食场摄食时，快速下网扦捕泥鳅，此时起捕率较高。

2. 敷网聚捕

这是在泥鳅摄食旺盛季节捕捞养殖泥鳅的好方法。将敷网铺设在食台底部，当投饲后泥鳅便集群摄食，此时提起网片即可捕获。这种捕捞方法简便，起捕率高。

3. 罾网捕捞

罾网捕养殖泥鳅有罾网诱捕和冲水罾捕两种作业方式，不同的方式效果也不一样，可以根据具体的条件来决定采取不同的方式。罾是一种捕捞水产品的专用工具，方形，用聚乙烯网片做成。网目大小为1厘米左右，网片面积为1～4米²，四角用弯曲成弓形的两根竹竿十字撑开，交叉处用绳子和竹竿固定，用以作业时提起网具。

（1）罾网诱捕　预先在罾网中放上诱饵，按每亩放10只左右的量将罾放入泥鳅养殖水域中。放罾后每隔0.5～1小时，迅速提起罾一次，以收获泥鳅。此法捕捞效果较好。

（2）冲水罾捕　在靠近进水口的地方敷设好罾，罾的大小可依据进水口的大小而定（为进水口宽度的3～5倍）。然后从进水口放水，以微流水刺激，泥鳅就会逐渐聚集到进水口附近，待一定时间后，即将罾迅速提起而捕获泥鳅。

4. 笼式小张网捕泥鳅

笼式小张网一般呈长方形，在一端或两端装有倒须或漏斗状网片装置，用聚乙烯网布做成，四边用铁丝等固定成形。宽40～50厘米，高30～50厘米，长1～2米。两端呈漏斗形，口用竹圈或铁丝固定成扁圆形，口径约10厘米。作业时，在笼式小张网内放蚌肉、螺肉、煮熟的米糠、煮熟的麦麸等做成的硬粉团，将网具放入稻田里，一亩田可放4～8只网。过1～2小时，收获一次，连续作业几天，起捕率可达60%～80%。捕前如能停食1天，并在晚上诱捕作业，则效果更好。

5. 手抄网捕捉泥鳅

主要用于鳅种的捕捞，也可用于成鳅的平时捕捞。捕捞鳅种可直接用手抄网于塘边捞取，捕成鳅最好先用饲料引食，再用抄网捕捉（彩图41）。手抄网为三角形，由网身和网架构成。网身长2.5米，上口宽0.8米、下口宽2米，中央呈浅囊状。网目的大小视捕捞对象而定，捕鳅种的网采用每平方厘米20～25目的尼龙网布制成，捕成鳅的网可用密眼网布剪裁。可在捕捞前3天把水慢慢排干，使泥鳅往田间沟中集中，然后用手抄网捕捞。对潜入泥中的泥鳅，可翻泥捕捉。

四、流水刺激捕捞

在稻田靠近进水口底部，铺一层渔网作为捕捞工具。渔网不宜太小，一般为进水口宽度的 3～4 倍。由于泥鳅的个头不是太大，因此网目为 1.5～2 厘米就可以了。4 个网角结绑提绳，先在出水口处排去部分田水，在排水的同时不断往稻田中注入水流，给泥鳅以微流水刺激，由于泥鳅具有逆水上溯逃逸的特性，因此泥鳅就会慢慢地群聚到进水口附近，此时拉起预先设好的网具，便可将泥鳅捕获。此法适于水温 20 ℃左右、泥鳅爱活动时实施。经过多次捕捞，约可捕到稻田里 90％的泥鳅。

五、排水捕捞法

这是捕捞泥鳅最彻底的一种方法，通常是在立秋后水温下降20 ℃以下采用。此时泥鳅的摄食量较少，生长活动减弱，而且也没有钻入泥中过冬。当然在采取其他捕捞措施后，还会有一点剩余时，也会采取这种干塘捕捉的方法。此法简单，但劳动强度较大。实施时，先排干养鳅稻田表面的水，然后再慢慢降低田间沟里的水位。这样做的目的是保证稻田表面的水分能快速沥干到田间沟中，泥鳅也就会随着水流慢慢地聚集到田间沟内，这时可用抄网捕捞。经过 2 次～3 次的捕捉，基本上就可以捕尽稻田里的泥鳅。

六、袋捕泥鳅

用袋捕泥鳅是捕捞泥鳅方法中的一种，效果很好，简单实用。这种方法是利用了泥鳅的生活特性来达到捕捞的效果。由于泥鳅喜欢寻觅水草、树根等隐蔽物栖息和在此处寻食的习性，在麻袋、聚乙烯布袋等袋内放一些破网片、树叶、水草、稻草等，同时放入泥鳅喜欢的诱饵，放在水中诱捕泥鳅进入袋内，定时提起袋子就可以捕获到泥鳅。具体操作是：

在泥鳅达到捕捞规格时，选择晴朗天气，先将稻田里的水位放到表面出现鱼沟、鱼溜。这时保持 2 天左右，再将稻田中鱼溜、水沟中的水慢慢放完，待傍晚时再将水缓缓注回鱼溜、水沟，同时将准备好的捕鳅袋放入鱼沟、鱼溜中。袋内的饵料必须要香、腥而且是泥鳅特别喜欢的，一般由炒熟的米糠、炒熟的麦麸、蚕蛹粉、鱼粉等与等量的泥土或腐殖土混合后做成粉团并晾干，也可用聚乙烯网布包裹饵料。在将捕鳅袋放入鱼沟、鱼溜前，就要把饵料包或面团放入袋内。闻到浓郁的香味后，泥鳅就会寻味而至，钻到袋内觅食，此时就能捕捉。

用袋捕泥鳅的效果与时间也有一定的关系。据实践表明，在四五月捕捞时，白天的捕捞效果最好。而在 8 月后入冬前实施时，在夜晚放袋、翌日清晨太阳尚未升起之前取出，效果最佳。

在生产实践中，如果手头上没有现成的麻袋，也可把草席或草帘剪成 60 厘米长、30 厘米宽的大小，然后包住配制好的饵料团；将草席或草帘两端扎紧，中间轻轻隆起，放入稻田中，上部稍露出水面；再铺放些杂草等物，泥鳅闻到香味便会到草席内摄食。此法同样也能捕到大量泥鳅。

七、笼捕泥鳅

这是一种比较有效的方法，捕捞的泥鳅成活率高，无损伤。此法所用的须笼是专门用来捕捞泥鳅的工具，与黄鳝笼很相似，是用竹篾编成的，长 30 厘米左右，直径约 10 厘米。一端为锥形的漏斗部，占全长的 1/3，漏斗部的口径 2～3 厘米，笼里面装有倒须。在笼子外面连有一根浮标，作为投放和收笼时的标志，浮标可用大块塑料泡沫做成或用木块做成。在须笼中投放泥鳅喜欢的饲料，然后将须笼放置于稻田表面的浅水区。这样泥鳅会因觅食而钻入笼中，数小时后提起笼子就可以捕获泥鳅。采取这种方法诱捕泥鳅时最好是在夜间进行，因为泥鳅多在夜间活动和觅食。在闷热天气或雷雨前后使用时，效果最佳（彩图 42 和彩图 43）。

这种捕捞泥鳅的方法效果虽好，但受水温的影响较大。当水温超过 30 ℃或低于 15 ℃时，泥鳅会因食欲减退而停止摄食，此时诱捕效果较差。

八、药物驱捕

药物驱捕泥鳅，虽然在各种水体中均可使用，但是在驱捕稻田养殖的泥鳅时，效果最好。此法是利用药物的刺激，造成泥鳅不能使用水体，强迫其逃窜到无药效的小范围或集中捕捞。

（1）药物选用　最常使用而且效果最明显的就是茶枯，也就是茶叶榨取茶油后的残存物。茶枯中含有一种具有溶血作用的皂角苷素，其对水生生物有杀毒作用。

（2）药物用量及提取　长期的生产实践表明，在稻田中驱捕泥鳅时，每亩用量 5～6 千克即可。

将新鲜的油茶枯饼放在柴火中烘烤 3～5 分钟，待茶饼微燃时取出，趁热将茶枯饼碾成粉末，再把辗好的茶枯放在水里制成团状，浸泡 3～5 小时后就可以使用了。

（3）使用技巧　先将稻田内水深慢慢下降至刚好淹没泥表面时为止，然后在稻田的四角用稻田里的淤泥堆聚而成斜坡，逐步倾斜并高于水面 3～8 厘米的鱼巢。巢面宽 30～50 厘米，面积 0.5～1 米^2。鱼巢大小视泥鳅的多少而定，面积较大的稻田，中央也要设泥堆。

施药宜在黄昏实行，将制泡好的茶饼兑水后均匀地将药液倾注在稻田里，但鱼巢面积不施药。其后不能排水和注水，也不要在水中走动。在茶饼的作用下，泥鳅钻出田泥，遇到高出水面而无茶枯水的泥堆便钻进去。第 2 天早晨，将鱼巢内的水排完，扒开泥堆，就可以捕捉泥鳅。

如果对于那些排水口有鱼坑的稻田，可以不用再另做鱼巢，直接在黄昏时从进水口方向向排水口逐步均匀倾注药液即可。注意的是在排水口鱼坑附近不施药，这样能将泥鳅驱赶到不施药的鱼坑内，第二天早晨用抄网在鱼坑中捕捞泥鳅。

此法不仅效果好，成本低，而且在水温 10～25 ℃时起捕率可达 90％以上。同时又可捕大留小，达到商品规格的泥鳅可上市出售，小泥鳅放回稻田或移到别处暂养，待稻田中的药效消失后（7天左右）再将泥鳅放回该稻田饲养。

使用这种方法也要注意：一是药物必需随用随配；二是浓度要严格控制，倾注药物一定要均匀。

第二节　泥鳅的运输

一、泥鳅运输的特点

泥鳅对环境的适应性很强，非常适于运输，这是其生长特点决定的。泥鳅和黄鳝、鳗鲡一样，也有三种呼吸方法：除了所有的鱼都拥有的正常鳃呼吸功能外，还可以用皮肤和肠管来进行呼吸。这是因为泥鳅的口腔和喉腔的内壁表皮布满微血管网，在陆地上通过口咽腔内壁表皮直接吸收空气中的氧气进行呼吸。一旦遇到水中溶氧不足，它就浮到水面吞吸空气，在肠管内进行气体交换。在养殖过程中，如果遇到天气闷热时，会常常会看到泥鳅在稻田的田间沟里和池塘等养殖水体里上蹿下跳，这就是水体里溶解氧较少，泥鳅窜到水面用肠管来呼吸的现象。因此，泥鳅就是在溶解氧很低的水中也能正常生活。这种特性对于泥鳅的运输非常有用，使泥鳅在起捕后不易死亡，适合采用各种运输方式。

二、泥鳅运输的分类

（1）**按运输距离和时间分**　有短程运输、中程运输和远程运输。一般把运输时间在 10 小时以内或距离在 300 千米以内的运输称为短程运输；把运输时间在 10～24 小时或距离在 300～600 千米的运输称为中程运输；把运输时间在 24 小时以上或距离在 600 千米以外的运输称为远程运输。

（2）按运输规格来分　有苗种运输、成品运输、亲本运输等。泥鳅苗种运输相对要求较高，一般选用鱼篓和尼龙袋水运输较好；成鳅对运输的要求低些，除远程运输需要尼龙袋装运外，均可因地制宜地选用其他运输方法。

（3）按运输方式来分　有干法运输、带水运输、降温运输等。泥鳅的具体运输方法应根据数量的多少和交通情况灵活掌握。

（4）按运输工具来分　有鱼篓鱼袋运输、箱运输、木桶装运、湿蒲包装运、机帆船装运或尼龙袋充氧装运等几种。

三、泥鳅运输前的准备工作

（1）检查泥鳅的体质　不论采用哪种装运方法，在运输前必须对泥鳅的体质进行检查。先将需要运输的泥鳅暂养 1～3 天，一方面是观察它们的活性；另一方面可以及时将病、伤的泥鳅剔出，及时捞除死亡的泥鳅。用清水洗净附在泥鳅身体上的泥沙脏物和黏液，检查泥鳅有无受伤。除了查看它的体表是否受伤外，还要重点检查它的口腔和咽部是否有内伤。那些有外伤、头部钩伤和躯体软弱无力的泥鳅容易死亡，应就地销售。

（2）运输前的处理　刚刚捕捞的泥鳅经过洗浴消毒处理，可用 3％～5％的食盐水或 10 毫克/升的二氧化氯溶液浸泡 10～20 分钟，然后放入水缸、木桶或小的水泥池暂养 2～3 天，一定要注意不能放在盛过各种油类而未洗净的容器中。在贮养期间需要经常换水，以便清洗干净刚起捕的泥鳅体表和口中的污物。开始时每半小时换水 1 次，换水前后温差一般不得超过 3 ℃，并应尽量与贮池的水质相同，不要用井水、泉水和污染的水。待泥鳅的肠内容物基本排净后，即可起装外运。另外，在装箱前，用专用泥鳅筛过筛分级，同一鱼箱要求装运同一规格的泥鳅。

（3）检查工具　根据运输的距离和数量，选择合适的运输工具。在运输前一定要对所选择运输途中的用具进行认真检查。

（4）决定运输时间和运输路线　这是在运输前就必须做好的准备工作，尽可能地走通畅的路线，用最短的时间到达目的地。这对于幼鳅或作为亲鳅、种鳅的运输更为重要，不但到达目的地后要保证成活率，还要尽可能地保证其健康，以利于以后的生产活动。

四、干湿法运输

又称湿蒲包运输。主要利用泥鳅离水后，只要保持体表有一定湿润性，它就可能过口腔进行气体交换来维持生命活动，从而保持相当长时间不易死亡的这一特点来进行运输。干湿法运输泥鳅的优势有：一是需要的水分少，可少占用运输容器，可减少运输费用，提高运载能力；另外，还可防止泥鳅受挤压，便于搬运管理，总的存活率可达到 95％以上。但要求组织工作严密，做到装包、上车船、到站起卸都必须及时，不能延误。

此法适用于泥鳅装运数量不多，通常在 500 千克以下时可以采用，途中时间在 24 小时以内。

运输方法是：①将选择好的蒲包清洗干净，然后浸湿，目的是保持泥鳅环境里保持一定的湿度。②将泥鳅装入蒲包里，每个蒲包的盛装量以 25～30 千克为宜。③将蒲包装入更大一点的容器中为便于运输，可将泥鳅装好后连包一起装入用柳条或竹篾编制的箩筐或水果篓中，加上盖，以免装运中堆积压伤。④做好运输途中的保温和保湿工作。运输途中，每隔 3～4 小时要用清水淋一次，以保持泥鳅皮肤具有一定的湿润性，这对保证泥鳅通过皮肤进行正常的呼吸是非常有好处的。在夏季气温较高的季节运输时，可在装泥鳅的容器盖上放置整块机制冰，让其慢慢地自然溶化。冰水缓缓地渗透到蒲包上，既能保持泥鳅皮肤湿润，又能起到降温作用。在 11 月中旬前后，用此法装运，如果能保持湿润（此时湿度较低，不宜再添加冰块）；3 天左右泥鳅一般不会发生死亡。

五、带水运输

相对于干法运输来说，带水运输适宜较长时间、较长距离的运输，且泥鳅存活率较高，一般可达 90％以上。

（1）运输容器　带水运输泥鳅用的容器可以是木桶、帆布袋、尼龙袋、活水船和机帆船、水缸。在运输量较少时大都采用木桶运输，在运输量较大时可用活水船和机帆船来装运，要根据实际需要而定。

（2）木桶装运　作为运输泥鳅的盛装容器，圆柱形木桶个体小、储量有限，但是它也有自身的优点：既可以作为收购、贮存暂养的容器，又适于汽车、火车、轮船装载运输，且装卸方便，换水和运输保管操作便利。从收购、运输到销售不需要更换盛装容器，既省时又省力，还可减少损耗。因此，通常用木桶装运。起运前要仔细检查木桶是否结实，是否漏水，桶盖是否完整齐全，以免途中因车船颠簸或摇晃而受到破损，引起损失。另外，准备几只空桶，随同起运，以备调换之用。

木桶的规格是圆柱形，用 1.2～1.5 厘米厚的杉木板制成（忌用松板），高 70 厘米左右、桶口直径 50 厘米、桶底直径 45 厘米。桶外用铁丝打三道箍，最上边的这个箍两侧各附有一个铁耳环，便于搬运。桶口用同样的杉木板做盖，盖上有若干条通气缝以通空气。

容器中装载泥鳅的数量，要根据季节、气候、温度和运输时间等而定。一般装载量为 60 千克左右的木桶，水温在 25～30 ℃，运输时间在 1 日以内，泥鳅的装载量为 25～30 千克，另盛清水 20～25 千克或 20～25 千克浓度为 0.5 万～1 万单位/升的青霉素溶液；运途在 1 日以上、水温超过 30 ℃时，泥鳅装载量以 15～20 千克为宜；天气闷热时每桶的装载量应减至 12～15 千克。

运输途中的管理工作主要是定时换水，经常搅拌。搅拌时可用手或圆滑的木棒从桶底轻轻挑起，重复数次让泥鳅迂回转动，将底部的泥鳅翻上来。气候正常、水温在 25 ℃左右，每隔 4～6 小时换水 1 次；若遇到风向突变（如南风转北风、北风转南风），每隔2～3 小时就需换一次水；气候闷热气温较高时，应及时换水；另外，在运输途中，如发现泥鳅长时间浮于水面，并口吐白沫等异常现象时，说明容器中的水质变坏，应立即更换新水。换水时，一定要彻底，换的水以清净的活水（如江水、河水）为最好，不能用碱性较重的泉水、有机质含量较高的池塘水。

同时做好降温工作，尤其是在夏季运输泥鳅、水温过高时，可在桶盖上加放冰块，使溶化的冰水逐渐滴入运输水中，促使水温慢慢下降。

（3）尼龙袋充氧密封运输 如果泥鳅运输量较少时（100～150千克以内），一般采用尼龙袋充氧密封运输的方法。尼龙袋或塑料薄袋的常用规格为：长 70～80 厘米、宽 40 厘米，前端有 10 厘米×15 厘米的装水空隙。

① 做好合理分工：通常是三人一组完成工作，其中一个人主要负责捞泥鳅；另外两个人进行合作，一个人负责掌握氧气袋，另外一个人负责充氧气。所有的这些工作必须细心，手脚麻利，不能损坏塑料口袋。

② 仔细检查每只塑料袋是否漏气：方法一：用嘴向塑料袋吹气。方法二：将袋口敞开，由上往下一甩，迅速用手捏紧袋口，判断塑料袋中是否漏气。

③ 套袋：装泥鳅的尼龙袋，外面应该再套上一只用以加固。有些人先把两只袋套在一起，再去加水、捉鳅，这是欠妥的。应该先用一只袋加好水，然后把另一只袋套上，最后再去捉鳅。

④ 袋中充氧：此步骤要注意先后顺序。应在装鳅前就把塑料袋放进泡沫箱或纸板箱试一下，看一看大约充氧到什么位置。一般每袋装 15 千克泥鳅，同时装入 10 千克清水，然后根据这个判断再去捉泥鳅、充氧，充到一定程度就扎口，这样正好装入箱内。同时正确估计充氧量，充氧量太多时，塑料袋显得太膨胀而不能很好地装进外包装的泡沫箱中；充氧量太少时，可能会导致

泥鳅在长时间的运输过程中因氧气不足而发生死亡现象。如在夏季运输，注意袋上面要放冰块，使袋中水温保持在 10 ℃左右；经过 48 小时后把泥鳅转入清水桶中，此时泥鳅又可恢复正常，存活率可达 100%。

⑤ 扎袋：袋扎得紧不紧是漏气的关键，当氧气充足后，先要把里面一只袋离袋口 10 厘米左右处紧紧扭转一下，并用橡皮筋或塑料袋在扭转处扎紧。然后再把扭转处以上 10 厘米那一段的中间部分再扭转几下折回，并用橡皮筋或塑料袋将口扎紧。最后，再把外面一只塑料袋口用同样的方法分两次扎紧，切不可把两袋口扎在一起。否则就扎不紧，容易漏水、漏气。

⑥ 袋中放水量要适当：袋中装水量过多或过多都不好。一般来讲，装水约在 10 千克左右，但也要看鱼体大小和泥鳅的数量多少而灵活掌握。如果数量少、泥鳅个体小，则可少放些水；反之，如果泥鳅的数量多而且鱼体大时，就需要多放点水。

⑦ 加药：远程运输时加微量药物，如加适量浓度为 1 万单位/升的青霉素溶液，能起到防病和降低泥鳅耗氧量的作用，可降低泥鳅在运输中的死亡率。

（4）活水船或机帆船运输　如果泥鳅是集体上市，运输量较大，可能达到 10 000 千克以上时，可以考虑到用船运。如果兼有运输时间不长（一般在 24 小时内），且水运又非常方便，这时用活水船或机帆船运输最好。这种运输法的优点是能节约木桶，运输成本低，而且泥鳅的成活率又高（一般在 95% 以上）。

① 泥鳅的选择：要选择健壮的泥鳅，凡有外伤或柔弱无力的个体都应剔除干净，不可运输或就地销售。

② 船只的选择：船只不宜过大，一般装载以 30～40 吨的机帆船较好。盛装泥鳅的容量包括水的重量在内不超过实际载重量的 70%，最多不超过 80%。不宜盛装过多，以保证安全运输，利于操作管理。船边缘要高，船底要平坦，舱盖齐全，船舱不漏水。另备能插入船舱底部的篾筒一个，筒径比水飘大 1 倍，以便换水操作。装泥鳅的船舱，事先必须彻底清洗，清除有害物质。

③ 装泥鳅：根据经验，用船运泥鳅时，泥鳅和水的比例一般各 50%，也就是说装上 1 千克泥鳅时，同时配装 1 千克水。

④ 加强运输管理：运输途中，需要经经常翻动泥鳅（注意避免擦伤泥鳅体表）和勤换清水（活水船不换水）。一旦发现死、伤泥鳅，就必须及时清除。运输途中要适时彻底换水。天气正常、水温在 25 ℃时，每隔 6～8 小时换一次水；天气闷热时，每隔 2～4 小时换一次水。水质不好时，需排出一部分水，再添加新水。添加或换的水以洁净的江河水为好，切忌用碱性强的水或温差太大的水为水源。

六、泥鳅苗种的运输

泥鳅苗种既可用木桶、帆布桶、篓、筐等敞口容器运输，也可用塑料袋充氧密封运输。

（1）运输前的准备　泥鳅幼苗和泥鳅种在运输前要做好准备。对于没有开食的鳅苗，可以直接以水花的形式用塑料袋充氧密封运输。但是从提高泥鳅苗种成活率的角度出发，不主张运输泥鳅水花。

对于已经开始吃食的鳅苗，在起运前最好先喂一次鸡蛋黄。喂时将蛋黄用纱布包着放在盛水的瓷盆中，捏碎，滤出蛋渣，然后将蛋黄汁均匀洒入盛鳅苗的容器中，每 10 万尾左右需一个蛋黄。喂食后经 2～3 小时，再换上一次清水就可起运。

对于已经进行幼苗培育阶段的泥鳅，为了提高运输鳅种的适应能力和成活率，泥鳅种在运输前需先拉网锻炼 1～2 次，起运的当天不投饵。因此要计算好时间，运输前一天停止投喂饵料；同时，在装运前要先将苗种集中于捆箱内暂养 2～3 小时，目的是让泥鳅排出粪便，洗去体表分泌的黏液，以利于提高运输成活率。

（2）运输时间　运输泥鳅苗种的时间基本上是由泥鳅的孵化期和培育期决定的。在相对固定的期间内，一定要选择较好的天气，适宜的水温范围一般是 5～10 ℃。

（3）运输泥鳅的规格与密度　泥鳅苗种运输时的密度与其规格密切相关，基本上是个体越小，装得越多；反之，个体越大，装得就越少。一般运输时装水量为容器的 1/3～1/2。

就 1 升水体来说，一般是 1 厘米的鳅苗可装 3 000～3 500 尾；1.5～2 厘米的鳅苗可装 500～700 尾；2.5 厘米的鳅种可装 300～350 尾；3.5 厘米的鳅种可装 150～200 尾；4 厘米的大规格鳅种宜装 120～150 尾。

（4）运输管理　泥鳅苗种比较弱小，适应运输环境的变化能力较差，稍有不慎就会造成大批量死亡，因此在运输中一定要注意做好管理工作。

① 时刻注意容器内水体溶解氧情况：有条件的话，可以用电瓶附加气泡石来充氧。如发现鳅苗浮头，则应及时换水，每次换水量为总水体的 1/3 左右。在换水时，要注意换入的水必须清新，温度不能相差过大（鳅苗适应的温差不能超过 2 ℃，鳅种适应的温差不能超过 3 ℃）。

② 投饲注意事项：原则上泥鳅苗种在运输过程中不喂食，但在远程运输的情况下，有时确实需要投饲 1～2 次。这时一定要掌握适量，尽可能是少量投喂，而且在投饲前换水，投饲后隔 4～5 小时才能换水。因为饱食后换水，容易造成死亡。

③ 保护好鳅苗：由于幼鳅活动能力低，运输过程中容易聚集成团，最后会因黏结在一起而出现窒息。因此为了避免这种现象的发生，在长距离运输时最好在幼鳅中加几尾大一些的泥鳅一起运输，通过大泥鳅的不断钻窜，来有效减少黏结现象。

④ 做好降温措施：由于时间关系，大部分鳅苗和鳅种都有可能在高温季节运输。这时一定要做好降温工作，如用冰块降温效果不错。使用冰块时，不能将冰块直接放入水中，否则会导致泥鳅苗种发生感冒现象。可将冰块放在帆布桶等运输容器之上，让融化的冰水滴入桶中。用塑料袋运时，可将冰块放在另一塑料袋中，贴近装有鳅鱼和鳅种的塑料袋，置于同一纸箱中。

（5）泥鳅苗种的挑运　距离比较近时，有时也采用人力挑运苗种。除了用专用的鱼篓或白铁皮制的鱼苗篓外，最常用的就是木桶。装水量为桶的 1/3～1/2，每担（两只桶）盛水 25～40 千克。在挑运时，桶中的水会随着步伐的起伏而有波动，这样就会增加水中的溶氧量，因此此法运输时装苗的数量也可以多一点。根据生产实践，建议每担桶中，1 厘米以下的鳅苗装 6 万～7 万尾；1～1.5 厘米的装 2 万～4 万尾；1.5～2 厘米的装 1 万～1.4 万尾；2.5 厘米的装 6 000～7 000 尾；3.5 厘米的装 3 500～400 尾；5 厘米的装 2 500～3 000 尾。

七、成鳅的运输

1. 蓄养

成鳅就是可以上市供人们食用的大规格泥鳅（彩图 44 和彩图 45），起捕以后，要在绝食状态和密集条件下，先经过 1～3 天的清水蓄养，才能外运交售。蓄养的目的：一是使泥鳅去掉泥腥味，提高成鳅的食品质量；二是使鱼排出粪便，降低暂养和运输中的耗氧量，提高运输存活率。常用的蓄养方法有鱼篓蓄养和木桶蓄养两种。

（1）鱼篓蓄养　就是用专用的泥鳅蓄养篓来进行蓄养，蓄养篓的具体规格可以根据生产实际情况而定。先把捕上来的泥鳅装在蓄养篓里，然后把篓子放在水里进行蓄养。但是在不同的环境下，泥鳅的蓄养量是有一定区别的。如果放在静水中蓄养，由于水体交换较慢，1 篓宜装泥鳅 7～8 千克；如果放在流水中蓄养，装鳅数量可以达到在静水中的 2 倍甚至更多，达到 15～20 千克。篓放在水中时，不要全闷在水里，最好让篓子的 1/3 露在水面以上，以保证泥鳅能进行肠呼吸。

（2）木桶蓄养　就是使用农村中常见的水桶进行蓄养，如果没有水桶，也可用熟胶制成的塑料桶，容量为 100 升的大木桶可蓄养泥鳅 15 千克。在蓄养的前 5 天要勤换水，每天换水 4～5

次，2天以后每天换水2～3次，每次换桶内水量的1/4左右就可以了。

2. 运输

运输成鳅的方法很多，常用的方法有干湿运输、带水运输和尼龙袋充氧运输。具体的运输方法和前文基本一致，此处不再赘述。

第九章

泥鳅疾病的防治

第一节　泥鳅发病的原因

一、泥鳅生病的综合原因

根据鱼病专家长期的研究和笔者在养殖过程中的细心观察，泥鳅发生疾病的原因可以从内因和外因两个方面进行分析。泥鳅生病的原因主要包括致病微生物的侵袭、自身因素、环境条件的影响和人为因素等共同作用的结果（彩图46至彩图48）。

二、致病微生物的种类

常见的泥鳅疾病多数都是由于各种致病的微生物传染或侵袭到泥鳅而引起的，这些致病生物称为病原体。能引起泥鳅生病的病原体主要包括真菌、病毒、细菌、霉菌、藻类、原生动物，以及蠕虫、蛭类和甲壳动物等。

三、敌害生物对泥鳅的危害

在泥鳅养殖时，有些生物能直接吞食或直接危害泥鳅，如青蛙会吞食泥鳅的卵和幼苗。乌鳢喜欢捕食各种小型鱼类，尤其是在繁殖季节，一旦产卵孵化区域有鱼类游过，乌鳢亲鱼就会捕食这些鱼。因此，稻田中有这些生物存在时，对泥鳅的危害极大，要及时予以捕杀。

根据观察及参考其他养殖户的实践经验，笔者认为在进行稻田养殖时，泥鳅的敌害主要有鼠、蛇、鸟、蛙、其他凶猛鱼类、水生昆虫、水蛭、青泥苔等。这些天敌一方面直接吞食鳅苗鱼而造成损失；另一方面它们已成为某些鱼类寄生虫的宿主或传播途径，如复口吸虫病可以通过鸥鸟等传播给其他鱼。

另外一些藻类，如卵甲藻、水网藻等对泥鳅有直接影响。水网藻常常缠绕鳅苗并导致其死亡，而嗜酸卵甲藻则能使泥鳅患"打粉病"。

四、水质对泥鳅健康的影响

水质的好坏直接关系泥鳅的生长，好的水环境将不断增强泥鳅适应生活环境的能力。生活环境发生变化，就可能不利于鱼类的生长发育，当泥鳅的机体适应能力逐渐衰退而不能适应环境时，泥鳅就会失去抵御病原体侵袭的能力，导致疾病发生。影响水质变化的因素有水体的酸碱度（pH）、溶氧（DO）、有机耗氧量（BOD）、透明度、氨氮含量等理化指标。

五、底质对泥鳅的影响

泥鳅生活在水底中，因此底质的好坏常常是决定泥鳅是否生病的关键。底质中尤其是淤泥中含有的大量营养物质与微量元素，对饵料生物的生长发育、水草的生长与光合作用都具有重要意义；当然，淤泥中含有的大量有机物，会导致水体耗氧量急剧增加，往往造成田间沟缺氧泛塘；同时在缺氧条件下，泥鳅的自身免疫力下降，更易发生疾病。

六、酸碱度对泥鳅疾病的影响

pH 为 $7.5\sim8.5$，即中性偏碱时为泥鳅最适范围。当水质偏酸时，泥鳅生长缓慢。pH 为 5～6.5 时，许多有毒物质在酸性水中的毒性也往往增强，导致泥鳅体质变差，易患打粉病。在饲养过程中既可用石灰水进行调节，也可用 1‰的碳酸氢钠溶液来调节水的酸碱度。但是若饲养水过度偏碱，高于 9.5 以上时，泥鳅的鳃会受到刺激而分泌大量的黏液，妨碍泥鳅的正常呼吸，即使在溶氧丰富的情况下也易发生浮头现象，最终导致泥鳅生长不良，极易患病，甚至死亡。此时可用 1‰的磷酸二氯钠溶液来调节 pH。

七、溶氧量对泥鳅疾病的影响

泥鳅的呼吸机制很特殊，对水体中溶解氧的忍受能力很强。一般而言，溶解氧较低时对其生命没有太大的威胁；但泥鳅长期处于低溶解氧中时，其生长发育会受到影响，另外，饲养密度大，且又没有及时换水，水中泥鳅和其他鱼类的排泄物和分泌物过多、微生物孳生、蓝绿藻类浮游生物生长过多，都可使水质变混、变坏等，导致泥鳅发病。

八、毒物对泥鳅疾病的影响

对泥鳅有害的毒物很多，常见的有硫化氢及各种防治疾病的一些重金属盐类。这些毒物不但可能直接引起泥鳅中毒，而且能降低泥鳅的防御机能，致使病原体容易入侵。急性中毒时，泥鳅在短期内出现中毒症状或迅速死亡。毒物浓度较低时，则表现出现慢性中毒，短期内不会有明显的症状，但生长缓慢或出现畸形，容易患病。现在各个地方甚至农村，各种工厂、矿山、工业废水和生活污水日益增多，含有一些重金属毒物（铅、锌、汞）、硫化氢、氯化物等物质的废水如进入稻田，重则引起稻田里泥鳅的大量死亡；轻则影响泥鳅的健康，降低泥鳅对疾病的抵抗力或引起其他传染病的流行。例如有些地方，土壤中重金属盐（铅、锌、汞等）含量较高，在这些地方进行稻鳅连作容易引起泥鳅的弯体病。

九、病原体对泥鳅疾病的影响

在泥鳅养殖过程中发现有许多病原体都是人为地由外部带入养殖稻田的。主要表现在从自然界中捞取天然饵料、购买鱼种、使用饲养用具等时，由于消毒、清洁工作不彻底，可能带入病原体。例如，病鳅用过的工具未经消毒又用于无病稻田的操作，或者新购鳅种未经隔离观察就放入稻田中，这些有意或无意的行为都能引起鳅病的重复感染或交叉感染。例如，小瓜虫病、烂鳃病等都是这样感染发病的。

十、饲喂不当对泥鳅疾病的影响

泥鳅如果投喂不当、投食不清洁或变质的饲料、或饥或饱，长期投喂单一饲料、饲料营养成分不足、缺乏动物性饵料和合理的蛋白质、维生素、微量元素等，会导致泥鳅因摄食不正常而缺乏营养，造成体质衰弱，容易感染患病。当然投饵过多，易引起水质腐败，促进细菌繁衍，导致泥鳅罹患疾病。另外投喂的饵料如果变质、腐败，就会直接导致泥鳅中毒生病，因此在投喂时要讲究"四定"技巧。在投喂配合饲料时，要求投喂的配合饵料要与所养的泥鳅的生长需求一致，这样才能确保鱼体的营养良好。

第二节　识别泥鳅生病

有许多养殖户平时不注意观察泥鳅的各种表现，一旦泥鳅生病就急忙求医问药。不让泥鳅患病的秘诀是早发现、早治疗。因此，平日应多注意观察养殖阶段的泥鳅，可以从下列几个方面初步判别其是否发病，然后再通过检测患病泥鳅的各项生理指标、病鳅的症状和显微镜检查的结果确诊。

一、根据疾病的特点来判断

有时泥鳅出现不正常的现象时，极有可能是缺氧、中毒等原因造成的。导致泥鳅不正常或者发生死亡现象，一般情况下可以通过几个症状作出快速判断：一是死亡迅速。除有些因素导致的慢性中毒外，泥鳅一旦在较短的时间内出现大批死亡，就可能不是疾病引起的；二是症状相同。由于在小环境内对饲养在一起的泥鳅具有相同的影响，因此如果全部饲养的泥鳅所表现出来的症状、病程和发病时间都比较一致，就可以判断不是疾病引起的；三是恢复快。环境因素改善后，泥鳅在短时间内就能减轻症状，甚至恢复正常，一般都不需要长时间的治疗，这就说明泥鳅可能是浮头或中毒造成的。

二、根据疾病发生的季节来判断

许多泥鳅疾病的发生是根据不同的季节而定的，这是因为各种不同的病原体都具有最适合其生长、繁殖的条件和温度，而这些均与季节有关，所以可根据鱼病发生的不同季节作出初步判断。泥鳅的出血病主要发生在7~9月的炎热季节，水霉病则多发生在春初秋末等凉爽的季节，湖靛、青泥苔等有害水生植物不会在冬季出现。

三、根据泥鳅的摄食来判断

当气温、水温及养殖环境无任何改变，而且饲料的质量及加工、投喂等均无变化，泥鳅的摄食量明显减少时，可怀疑泥鳅已经生病。这时可通过检查饵料台、对饵料台进行消毒等措施来进一步判断。

四、根据鳅体的症状来判断

一般不同的鳅病在鳅体上的表现不同，这样就可以快速作出判断。但是还有许多鳅病的病原体虽然不同，却在鳅体外观上的表现差不多，这个时候就要求养殖户根据多种因素作出综合判断。如果泥鳅体表出现腐烂、白毛、异常斑块、寄生虫等，鳅体发红，在非繁殖季节肛门出现红肿，黏液脱落等，可怀疑已生病。

五、根据泥鳅的栖息环境来判断

例如，肠炎、赤皮病、烂鳃病、打粉病等都发生在呈酸性的水域环境中；中华鳋、锚头鳋、鱼鲺等寄生虫病则多发生在弱碱性的水域环境中。当泥鳅处于不同的水域环境中，就有可能发生不同的疾病。

另外可以通过泥鳅生活习性的改变来判断其是否生病，一般正常的泥鳅平时应隐藏于草丛中或泥洞内。在稻田里没有青苔及杂草的情况下，如果发现泥鳅在白天的非吃食时间将头长时间伸出水面，既不入洞也不躲藏到草丛中，则怀疑泥鳅已经生病。

六、根据泥鳅对外界的反应程度来判断

正常的泥鳅对外界的反应非常灵敏，对意外的声响、振动、水动等均会迅速作出反应，如一遇到动静就会快速游走。当泥鳅无动于衷，仍浮在水面吃水；或贴在田埂边上，懒于游动。如果跺脚或拍打地面等发出震动或响声时，泥鳅才慢慢进入水中，但不一会儿又懒洋洋地浮于水面，这些反应迟钝的泥鳅，很有可能已经生病。

七、根据泥鳅的活动情况来判断

一般情况下，泥鳅是静静地待在洞穴中或躲藏在草丛中的，如果体表或体内有寄生虫寄生时，泥鳅会发生焦躁不安、急蹿的情况。当寄生情况严重时，泥鳅不断地出现翻滚、上浮下游或螺旋形

或突然性蹿跳，不断地用身体擦田埂、饲料台时，这就是生病的表现，极有可能是有体表寄生虫寄生，如中华鳋、锚头鳋、日本新鳋、鲺等。

八、根据泥鳅的体质来判断

正常的泥鳅其体质良好时，身体匀称，头小、体圆而短，富有美感。如果发现相当一部分的泥鳅出现头大、体细、尾尖时，则说明：一是泥鳅有营养不良；二是泥鳅中毒；三是泥鳅生病。

九、根据泥鳅体色的表现来判断

泥鳅的体色变得暗淡而无光泽，鱼体消瘦，身体局部有红肿发炎、溢血点或溃疡点，鱼鳍充血，周身鳍片竖立，尾鳍末端有腐烂现象，这些都是生病的前兆。

皮肤变成灰白色或白色，体表覆盖一层棉絮状白毛或出现小白点，肌肉糜烂，这是水霉病的症状。

第三节　泥鳅疾病常用治疗方法

泥鳅患病后，首先应对其进行正确而科学地诊断，根据病情病因确定有效的药物；其次是选用正确的给药方法，充分发挥药物的效能，尽可能地减少副作用。不同的给药方法，决定了对鳅病治疗的不同效果。

常用的鱼给药方法有以下几种：

一、挂袋（篓）法

即局部药浴法，把药物尤其是中草药放在自制布袋或竹篓或袋泡茶纸滤袋里挂在投饵区中，形成一个药液区，当泥鳅进入食区或食台时，使鱼体得到消毒和杀灭鱼体外病原体的机会。通常要连续挂3天，常用药物为漂白粉和敌百虫。另外如果稻田周边水体循环不畅，细菌、病毒容易滋生繁衍；靠近底质的深层水体，有大量病菌病毒生存；固定食场附近，鱼的排泄物、残剩饲料集中，病原物密度大。对这些地方，必须在泼洒消毒药剂的同时，进行局部挂袋处理，这比重复多次泼洒药物效果好得多。

此法只适用于预防及疾病的早期治疗。优点是用药量少，操作简便，没有危险及副作用小；缺点是杀灭病原体不彻底，因为只能杀死食场附近水体的病原体和常来吃食的鳅体表面的病原体。

二、洗浴（浸洗）法

这种方法就是将有病的泥鳅集中到较小的容器中，放在特定配制的药液中进行短时间强迫浸浴，来达到杀灭泥鳅体表和鳃上病原体的一种方法，适用于小批量患病的泥鳅。药浴法主要是驱除体表寄生虫及治疗细菌性的外部疾病，也可利用皮肤组织的吸收作用治疗细菌性内部疾病。具体用法是：根据病鳅数量决定使用的容器大小，一般可用面盆或小缸、放2/3的新水。根据泥鳅大小和当时的水温，按各种药品剂量和所需药物浓度，配好药品溶液后就可以把患病泥鳅浸入药品溶液中治疗。

洗浴时间也有讲究，一般短时间药浴时要求药液浓度高、时间短，常用药为亚甲基蓝、敌百虫、高锰酸钾等；长时间药浴则用食盐水、高锰酸钾、福尔马林、抗生素等，具体时间要按泥鳅个体大小、健康状况及水温、药液浓度而定。一般泥鳅个体大、健康及水温、药液浓度低时，则浴洗时间可长些；反之，浴洗时间应短些。

值得注意的是，洗浴药物的剂量必须精确。浓度不够，则不能有效地杀灭病菌；浓度太高，易对泥鳅造成毒害，甚至死亡。

洗浴法的优点是用药量少，准确性高，不影响水体中浮游生物的生长。缺点是不能杀灭水体中的病原体，况且拉网捕鱼既麻烦又易碰伤泥鳅。因此，此法通常配合转养、分流或运输前后预防消毒用。

三、泼 洒 法

就是根据泥鳅的不同病情和稻田中总的水量算出各种药品剂量，将其配制好后向田间沟内慢慢泼洒，使田间沟内水中的药液达到一定浓度，从而杀灭泥鳅体表及水体中病原体。如果田间沟的面积太大，则可把患病泥鳅用渔网牵往田间沟的一边，然后将药液泼洒在鱼群中，从而达到治疗的目的。

泼洒法的优点是杀灭病原体较彻底，预防、治疗均适宜。缺点是用药量大，易影响水体中浮游生物的生长。

四、内 服 法

就是把治疗鳅病的药物或疫苗掺入患病泥鳅爱吃的饲料中，或者把粉状的饲料挤压成颗粒状、片状后来投喂泥鳅，从而达到杀灭泥鳅体内病原体的一种方法。但是这种方法常用于预防或鳅病初期，且泥鳅自身一定要有食欲的情况下，一旦病鳅失去食欲，此法就不起作用了。一般用3～5千克面粉加氟哌酸1～2克或复方新诺明2～4克加工制成饲料，可鲜用或晒干备用。喂时要视泥鳅的大小、病情轻重程度、天气、水温等情况灵活掌握，以便获得良好的预防和治疗效果。

内服法适用于预防及治疗初期病鳅，当病情严重、患病泥鳅已停食或减食时就很难收到效果。

五、注 射 法

是对各类细菌性疾病注射水剂或乳剂抗生素的治疗方法，常采取肌内注射或腹腔内注射。

注射前泥鳅要经过消毒麻醉，适于水温低于15℃的天气进行，以泥鳅抓在手中跳动无力为宜。注射方法和剂量：如果肌内注射，注射部位宜选择在背鳍基部前方肌肉丰厚处。如果采用腹腔注射，注射部位宜选择在胸鳍基部突起处。一般采用腹腔注射，深度不伤内脏为宜，针头以进针45°角为宜。剂量以10厘米的泥鳅每尾注意0.2毫升。注意：要使用连续注射器，刺着骨头要马上换位，体质瘦弱的泥鳅不要注射。

注射法的优点是鱼体吸收药物更为有效、直接、药量准确，且吸收快、见效快、疗效好；缺点是太麻烦也容易弄伤泥鳅，且对较小的幼鱼无法使用。因此，此法一般只适用于亲鱼的治疗，人工疫苗通常也是注射法。

六、涂 抹 法

此法是以高浓度的药剂直接涂抹泥鳅体表患病的地方，以杀灭病原体。主要治疗外伤及泥鳅身体表面的疾病，常用药为碘酒、高锰酸钾等，涂抹前必须先将患处清理干净后施药。涂抹法的优点是药量少、方便、安全、副作用小。

七、浸 沤 法

只适用于中草药预防鳅病，将草药扎捆浸沤在田间沟的上风头或分成数堆，以杀死稻田里及鳅体外的病原体。

第四节　泥鳅疾病的预防措施

泥鳅疾病的治疗应遵循"预防为主，治疗为辅"的原则，按照"无病先防、有病早治、防治兼施、防重于治"的理念，加强管理，才能防止或减少泥鳅因死亡而造成的经济损失。目前在养殖中常见的预防措施有：改善养殖环境，消除病害滋生的温床；加强泥鳅苗种检验检疫，杜绝病原体传染源的侵入；加强鳅体预防，培育健康的泥鳅苗种，切断传播途径；通过生态预防，提高鳅体体质，增强抗病能力等措施。具体可以从下面几点来进行。

一、改善养殖环境，消除病原体滋生的温床

稻田是泥鳅栖息生活的场所，同时也是各种病原生物潜藏和繁殖的地方，因此稻田的环境、底质、水质等都会给病原体的孳生及蔓延造成重要影响。

（1）环境　泥鳅对环境刺激有一定应激性，因此一般要求养鳅稻田开挖在水、电、路三通且远离喧嚣的地方。稻田走向以东西方向为佳，有利于冬春季节水体的升温；清除田埂边过多的野生杂草；在做田间工程建设时要注意对鼠、蛇、蛙及部分水鸟的清除及预防。

（2）底质　稻田在经过2年以上的使用后，淤泥逐渐堆积。淤泥过多，不但影响容水量，而且对水质及病原体的滋生、蔓延会产生严重影响。因此说，田间沟清淤消毒是预防疾病和减少流行病暴发的重要环节。

清淤工作主要有清除淤泥、铲除杂草、修整进出水口、加固塘堤等，排除淤泥的方法通常有人力挖淤和机械清淤，除淤工作一般在冬季进行。先将田间沟内的水排干，然后再清除淤泥。清淤后的田间沟最好经日光暴晒及严寒冰冻一段时间，这样有利于杀灭越冬的鱼病病原体。

（3）水质　在养殖水体中，生存着多种生物，包括细菌、藻类、螺、蚌、昆虫及野杂鱼等。它们有的本身就是病原体，有的是传染源，有的是传染媒介和中间宿主，因此必须进行药物消毒。常用的水体消毒药物有生石灰、漂白粉、鱼藤酮等，最常用且最有效果的当推生石灰。在生产实践中，由于使用生石灰的劳动力比较大，现在许多养殖场都使用专用的水质改良剂，效果也挺好。

二、改善水源及用水系统，减少病原
菌入侵的概率

水源及用水系统是泥鳅疾病病原传入和扩散的第一途径。优良的水源条件应是充足、清洁、不带病原生物、无人为污染有毒物质，水的物理指标、化学指标应适合于泥鳅的生长需求。用水系统应使每个养殖的稻田有独立的进水管理和排水管道，以避免因水流而带入病原体。设计养殖场时应考虑建立蓄水池，这样可将养殖用水先引入蓄水池，使其自行净化、曝气、沉淀或进行消毒处理后再灌入养殖池，就能有效地防止病原随水源带入。

科学管水和用水，目的是通过对水质各参数的监测，了解动态变化，及时进行调节，纠正那些不利于养殖动物生长和影响其免疫力的各种因素。一般来说，必需监测的主要水质参数有 pH、溶解氧、温度、盐度、透明度、总氨氮、亚硝基氮和硝基氮、硫化氢，以及检测优势生物的种类和数量、异氧菌的种类和数量。

维持良好的水质不仅是泥鳅生存的需要，同时也是使泥鳅处在最适条件下生长和抵抗病原生物侵扰的需要。

三、科学引进水产微生物

（1）光合细菌　目前在水产养殖上普遍应用的有红假单胞菌，该菌在养殖水体后可迅速消除氨氮、硫化氢和有机酸等有害物质，改善水体，稳定水质，平衡水体酸碱度。水肥时施用光合细菌可促进有机污染物的转化，避免有害物质积累，改善水体环境和培育天然饵料，保证水体溶解氧的含量；水瘦时应首先施肥再使用光合细菌，这样有利于保持光合细菌在水体中的活力和繁殖优势，降低使用成本。

由于光合细菌的活菌形态微细、比重小，若采用直接泼洒养殖水体的方法，其活菌不易沉降到稻田尤其是田间沟的底部，无法起到改善底环境的良好效果，因此建议全田泼洒光合细菌，但全田泼洒时尽量将其与沸石粉合剂共用，这样既能将活菌迅速沉降到底部，同时沸石也可起到吸附氨的效果。另外，使用光合细菌的适宜水温为 $15\sim40$ ℃，最适水温为 $28\sim36$ ℃。因而宜掌握在水温 20 ℃以上时使用，切记阴雨天勿用。

（2）芽孢杆菌　施入养殖水体后，应及时降解水体有机物，如排泄物、残饵、浮游生物残体及有机碎屑等，避免有机废物在稻田中累积。同时有效减少稻田内的有机物耗氧，间接增加水体溶解氧的浓度，保持良好的水质，从而起到净化水质的作用。

当养殖水体溶解氧高时，芽孢杆菌繁殖速度加快。因此，在泼洒该菌时，最好开动增氧机，以使其在水体快速繁殖并迅速形成种群优势，对维持稳定水色、营造良好的底质环境有重要作用。

（3）硝化细菌　硝化细菌在水体中是降解氨和亚硝酸盐的主要细菌之一，从而达到净化水质的作用。硝化细菌使用很简单，只需用稻田的水溶解泼洒就可以了。

（4）E 米菌　E 米菌中的有益微生物经固氮、光合作用等一系列分解、合成作用，可使水中的有机物质形成各种营养元素，供自身及饵料生物的生长繁殖之用，同时，增加水中的溶解氧含量，降低氨、硫化氢等有毒物质的含量，提高水质质量。

（5）酵母菌　酵母菌能有效分解溶于稻田水中的糖类，迅速降低水中生物的耗氧量，在稻田内繁殖出来的酵母菌又可作为泥鳅的饲料蛋白利用。

（6）放线菌　放线菌对于养殖水体中的氨降解及增加溶氧和稳定 pH 均有较好的效果。放线菌与光合细菌配合使用效果极佳，可以有效地促进有益微生物的繁殖，调节水体中微生物的平衡，可以去除水体和水底中的悬浮物质，也可以有效改善水底污染物的沉降性能、防止污泥解絮，起到改良水质和底质的作用。

蛭弧菌泼洒在养殖水休后，可迅速裂解嗜水气单胞菌，减少水体致病微生物的数量，能防止或减少泥鳅病害的发展和蔓延，同时对于氮等有一定的去除作用。也可改善泥鳅体内外环境，促进生长，增强免疫力。

四、做好消毒措施

1. 泥鳅苗种消毒

即使是健康的泥鳅苗种，亦难免带有某些病原体，尤其是从外地运来的苗种。因此，必须先进行消毒，药浴的浓度和时间根据泥鳅个体大小和水温灵活掌握。

（1）食盐　这是泥鳅消毒最常用的方法，配制浓度为3‰～5‰，洗浴10～15分钟，可以预防鱼的烂鳃病、三代虫病、指环虫病等。

（2）漂白粉和硫酸铜合剂　漂白粉浓度为10毫克/升，硫酸铜浓度为8毫克/升，将两者充分溶解后再混合均匀，将泥鳅放在容器里洗浴15分钟，可以预防细菌性皮肤病、鳃病及大多数寄生虫病。

（3）漂白粉　浓度为15毫克/升，浸洗15分钟，可预防细菌性疾病。

（4）硫酸铜　浓度为8毫克/升，浸洗泥鳅20分钟，可预防泥鳅波豆虫病、车轮虫病。

（5）敌百虫　用10毫克/升的敌百虫溶液浸洗15分钟，可预防部分原生动物病和指环虫病、三代虫病。

（6）50毫克/升的聚乙烯吡咯烷酮碘，洗浴10～15分钟，可预防寄生虫性疾病。

2. 工具消毒

各种养殖用具，如患病泥鳅使用的网具、塑料和木制工具等，常是病原体传播的媒介，特别是在疾病流行季节。因此，在日常生产操作中，如果工具数量不足，应在消毒后方可使用。

3. 食场消毒

食场是泥鳅进食之处，由于食场内常有残存饵料，时间长了或高温季节腐败后可成为病原菌繁殖的培养基，因此就为病原菌的大量繁殖提供了有利场所，很容易使泥鳅感染细菌，导致疾病发生。

同时食场是泥鳅最密集的地方，也是疾病传播的地方。因此，对于养殖固定投饵的场所，也就是食场，进行定期消毒是有效的防治措施之一，通常有药物悬挂法和泼洒法两种。

（1）**药物悬挂法** 可用于食场消毒的悬挂药物主要有漂白粉、硫酸铜、敌百虫等，悬挂的容器有塑料袋、布袋、竹篓。装药后，以药物能在 5 小时左右溶解完为宜，悬挂周围的药液达到一定浓度就可以了。

在鱼病高发季节，要定期进行挂袋预防，一般每隔 15～20 天为 1 个疗程，可预防细菌性皮肤病和烂鳃病。药袋最好挂在食台周围，每个食台挂 3～6 个袋。漂白粉挂袋每袋 50 克，每天换 1 次，连续挂 3 天；硫酸铜、硫酸亚铁挂袋，每袋可用硫酸铜 50 克、硫酸亚铁 20 克，每天换 1 次，连续挂 3 天。

（2）**泼洒法** 每隔 1～2 周在鱼类吃食后用漂白粉消毒食场 1 次，用量一般为 250 克，将溶化的漂白粉泼洒在食场周围。

五、做好药物预防工作

水产养殖动物疾病的发生，都有一定的季节性。例如，细菌性肠炎、寄生虫性鳃病和皮肤病等，常在 4～10 月这段时间内流行。因此定期进行药物预防，往往能收到事半功倍的效果。体内投喂药饵，可对那些无病或病情稍轻的泥鳅起到极好的预防或防治作用，药饵的类型有颗粒饵料、拌和饵料、草料药饵、肉食性药饵。这里推荐一个有效的小验方：每 10 千克的泥鳅每天用氟哌酸 1 克或大蒜素 50 克与 20 克食盐，拌和成药饵，第 2 天减半，连续投喂，5～7 天为一个疗程；如果拌和抗生素作为药饵，每 10 千克的泥鳅用 20～50 毫克，连续投喂，5～7 天为一个疗程。

六、培育和放养健壮苗种

放养健壮和不带病原的泥鳅苗种是养殖生产成功的基础。培育的技巧包括：一是亲本无毒；二是亲本在进入产卵池前进行严格的消毒，以杀灭可能携带的病原；三是孵化工具要消毒；四是待孵化的鱼卵要消毒；五是育苗用水要洁净；六是尽可能不用或少用抗生素；七是培育期间饵料要好，不能投喂变质腐败的饵料。

七、科学投喂优质饵料

饵料的质量和投饵方法，不仅是保证养殖产量的重要措施，同时也是增强泥鳅对疾病抵抗力的重要措施。养殖水体由于放养密度大，必须投喂人工饵料才能保证养殖群体有丰富和全面的营养物质转化成能量和机体有机分子。因此，根据泥鳅发育阶段，选用多种饵料原料，合理调配，精细加工，保证各阶段的泥鳅都吃到适口和营养全面的饵料，不仅是维护它们生长、生活的能量源泉，同时也是提高泥鳅体质和抵抗疾病能力的需要。生产实践和科学试验证明，不良的饵料不仅无法提供泥鳅成长和维持健康所必需的营养成分，而且还会导致免疫力和抗病力下降，直接或间接地使泥鳅易于感染疾病甚至死亡。

优质饵料的投喂通常采用"四定""四看"的投饲技术，这是增强泥鳅对疾病抵抗力的重要措施。

1. 定质

泥鳅的饵料要新鲜适口，不含病原体或有毒物质，投喂饵料前一定要过滤、消毒干净，以免将病菌和有害物质及害虫带入稻田使泥鳅患病。腐败变质的饵料坚决不可用来投喂泥鳅。

2. 定量

所投饵料在 1 小时内吃完为最适宜的投饵量，不宜时饥时饱，否则就会使泥鳅的消化机能发生紊乱，导致消化系统患病。

3. 定时

投喂要有规定的时间，一般是每天投喂 1~2 次。如果是投喂 1 次，通常在 16:00 投喂；如果是每天投喂 2 次，一次在 9:00 前投喂，另一次在 16:00 左右投喂。

4. 定位

食场固定在向阳、靠近岸边的位置，这样既能养成泥鳅定点定时摄食的习性，减少饵料的浪费；又有利于检查泥鳅的摄食、运动及健康情况。

（1）看水色确定投饵量　当水色较浓时，说明水体中浮游微生物较多，可少投饵料，水质较瘦时应多投。

（2）看天气情况确定投饵量　如果连续阴雨天，则泥鳅的食欲会受到影响，宜少投饵料。天气正常时，泥鳅的食欲和活动能力大大增强，此时可多投饵料。

（3）看泥鳅的摄食情况确定投饵量　如果所投饵料能很快被泥鳅吃光，而且泥鳅互相抢食，说明投饵量不足，应加大投饵量；如果所投饵料在 1 小时内吃完，说明饵料适宜；如第二次投喂时，仍见部分饵料未吃完，这可能是投喂过多或泥鳅患病造成食欲降低，此时可适当减少投饵量。

（4）看泥鳅的活动情况确定投饵量　如果泥鳅活动能力不旺，精神萎靡，说明泥鳅可能患病，宜减少投饵量并及时诊治并对症下药；如果泥鳅活动正常，则可酌情加大投饵量。

第五节　泥鳅的常见疾病与防治

一、红　鳍　病

【别名】赤鳍病、腐鳍病。

【病原病因】由细菌引起。当水质恶化、营养不当及鱼体受伤时，更易发生。

【症状特征】泥鳅被感染后，体表、鳍、腹部及肛门等处充血、发红、溃烂，有些则呈现血斑点、鳍条腐蚀等现象。泥鳅在田边水面垂悬，不摄食，直至死亡。

【流行特点】此病易在夏季流行。

【危害情况】对泥鳅危害大，发病率高，可导致死亡。

【预防措施】①苗种放养前用4％的食盐水洗浴消毒；②避免苗种受伤，苗种放养前用5毫克/升的二氯异氰脲酸钠溶液浸泡15分钟。

【治疗方法】①用每毫升含10～15微克的金霉素溶液浸洗10～15分钟，每天1次，1～2天即可见效。②用1毫克/升漂白粉全田泼洒。③病鳅可用10毫克/升四环素浓度浸洗一昼夜。④按饲料重0.3％中拌入氟苯尼考进行投喂5～7天。⑤用10～20毫克/升的二氧化氯或金霉素浸泡病鱼10～20分。⑥病鳅用3％食盐水溶液浸泡10分钟。⑦在改良水质后，用六亚甲基四胺2～5毫克/升，连用2～3天。

二、肠炎病

【别名】烂肠瘟、乌头瘟。

【病原病因】嗜水气单胞菌感染。

【症状特征】病鳅行动缓慢，停止摄食；鳅体发乌、变青（头部最明显）；腹部出现红斑；肛门红肿；肠管充血发炎，轻者腹部有血和黄色黏液流出，重者发紫，很快死亡。

【流行特点】①在全国均能流行；②一年四季均能发病，夏、秋季是发病高峰期。

【危害情况】①所有的泥鳅都能感染患病；②严重时死亡率高达40％。

【预防措施】①排污清淤时，保持水质清洁；②不投喂变质饲料；③放鳅种前，要用3％的食盐对泥鳅消毒10分钟；④用光合细菌改良水质，效果很明显。

【治疗方法】①每50千克泥鳅用复方新诺明5克、抗坏血酸盐0.5克拌饲料，连喂3天即可；②每50千克泥鳅用15克大蒜拌料投喂，2～6天后减半继续投喂；③每50千克泥鳞用2克氟哌酸拌料投喂；④饲料中按饲料重5％添加"鱼用多维"拌料投喂，连喂

3 天即可；⑤每千克饲料中添加氟苯尼考 1～3 毫升和维生素 C 1～3 克，搅拌均匀后连喂 3 天。

三、黏细菌性烂鳃病

【别名】乌头瘟。

【病原病因】在养殖密度大或者水质较差时，泥鳅被柱状纤维黏细菌感染。

【症状特征】鳃部腐烂，带有一些污泥；鳃丝发白，有时鳃部尖端组织腐烂，造成鳃边缘残缺不全，有时鳃部某一处或多处腐烂。鳃盖骨的内表皮充血发炎，中间部分的表皮常被腐蚀成一个略成圆形的透明区，露出透明的鳃盖骨，俗称"开天窗"。由于鳃部组织被破坏造成呼吸困难，因此病鳅常游近水表呈浮头状；行动迟缓，食欲不振。

【流行特点】①水温在 20 ℃以上即开始流行，春末至秋季为流行盛期；水温在 15 ℃以下时，病鳅逐渐减少。②全国各地都有此病流行。

【危害情况】当年泥鳅一旦患上此病，会大量死亡，危害严重。

【预防措施】①当年泥鳅要适当稀养；②使用漂白粉挂袋预防；③在发病季节每月全田遍洒生石灰水 1～2 次，保持水体 pH 为 8 左右；④定期将乌桕叶扎成小捆，放在田间沟里沤水，隔天翻动一次；⑤在发病季节尽量减少捕捞次数，避免鱼体受伤；⑥放养前用浓度为 10 毫克/升的漂白粉或 15～20 毫克/升的高锰酸钾溶液浸洗 15～30 分钟，或用 2％的食盐溶液浸洗 10～15 分钟。

【治疗方法】①用漂白粉 1 毫克/升浓度全田遍洒；②每 0.5 千克大黄（干品）用 10 千克淡的氨水（0.3％）浸洗 12 小时后，连药液、药渣一起全田遍洒；③在 10 千克的水中溶解 11.5％浓度的氯胺丁 0.02 克，浸洗 15～20 分钟，多次用药后见效；④100 千克水中放入氟哌酸 2～3 片，较长时间浸洗鱼体；⑤高效水体消毒剂［用量为 300～400 克/（亩·米）水深］，全田泼洒，连泼 3 天；

⑥用 2 毫克/升的三氯异氰脲酸溶液浸洗数天，然后更换新水；⑦用青霉素或庆大霉素溶于稻田中，用药量为青霉素 80 万～120 万单位或庆大霉素 16 万单位溶于 50 千克水全田泼洒；⑧泼洒稳定性粉状二氧化氯，使田水中药物浓度达到 0.3～0.4 毫克/升，先用底质改良剂改底后，再用 0.2～0.4 毫克/升的季铵盐络合碘（如百毒杀星）全田泼洒；⑨泼洒五倍子（磨碎浸泡），使田水中药物浓度达到 2～4 毫克/升；⑩用温度为 32 ℃以下的食盐（2%浓度）水溶液浸洗 5～10 分钟；⑪每立方米水体使用五倍子 1～4 克，全田泼洒；⑫按每立方米稻田存水量 6.25 克计算，用 20 倍乌桕叶干粉量的 2%生石灰水浸泡，煮沸 10 分钟，使 pH 在 12 以上，全田泼洒；⑬按每立方米稻田存水量 2.5～3.7 克计算用量，用 20 倍大黄量的 3%氨水浸泡 12 小时后，全田泼洒；⑭每万尾鱼种或每 50 千克鱼用干地锦草 250 克（鲜草 1.25 千克）煮汁拌在饲料内或制成药饵喂鱼。3 天为一个疗程；⑮将辣蓼、铁苋菜混合使用（各占一半），按每 50 千克鱼每天用鲜草 1.25 千克或干草 250 克计算。煮汁拌在饲料内或制成药饵喂鱼，3 天为一个疗程。

四、原生动物性烂鳃病

【病原病因】由指环虫、口丝虫、斜管虫、三代虫等原生动物寄生导致鱼鳃部糜烂。

【病症特征】病鱼鳃部明显红肿，鳃盖半张或全张开，鳃失血，鳃丝发白、黏液增多。病鳅游动缓慢，消瘦，体色暗淡；呼吸困难，常浮于水面，严重时停止进食，最终因呼吸受阻而死。

【流行特点】①全国各地都有此病流行；②此病是泥鳅常见病、多发病。

【危害情况】此病能使当年泥鳅大量死亡。

【预防措施】①用食盐水、二氧化氯或三氯异氰脲酸浸洗；②用漂白粉或二氯异氰脲酸钠全田遍洒；③在饵后用漂白粉（含有效氯 25%～30%）挂篓预防。

【治疗方法】①及时采用杀虫剂杀灭病鳅体表的寄生虫。②早期治疗时，用利凡诺 20 毫克/升浓度浸洗。水温为 5～10 ℃时，浸洗 15～30 分钟；21～32 ℃时，浸洗 10～15 分钟。③用利凡诺 0.8～1.5 毫克/升浓度全田遍洒。④将晶体敌百虫 0.1～0.2 克溶于 10 千克水中，浸泡病鳅 5～10 分钟。⑤投喂药饵，第 1 天用甲砜霉素 2 克拌饵投喂，第 2～3 天用药各 1 克，6 天为一个疗程。⑥用 90%晶体敌百虫加水全田泼洒，使田水药物浓度达 0.3～0.5 毫克/升。

五、水　霉　病

【别名】肤霉病、白毛病。

【病原病因】由水霉菌寄生引起。泥鳅发生这种病的原因很多：一是在拉网或运输过程中，人为操作不慎而导致鳅体受伤或局部组织坏死时，极易感染此病；二是在低温阴雨的天气，泥鳅卵在孵化过程中也会感染，从而发生大量卵死亡的现象；三是在水温剧烈变化、季节交替时也易发生。

【症状特征】患病泥鳅活动迟缓，食欲下降甚至拒食，体表附着棉絮状的"白毛"，接着创口发生溃烂。此病通过肉眼就可以识别。

【流行特点】①水霉菌在 5～26 ℃均可生长繁殖，最适温度 13～18 ℃，水质较清瘦的水体易生长繁殖并流行；②多发生于气温较低时期，尤其是冬季蓄水期。

【危害情况】主要危害泥鳅卵及鳅苗，是泥鳅苗种期间常见病之一，严重时可以导致泥鳅死亡。

【预防措施】①泥鳅目前多为自然苗，苗种下塘前要注意不要受伤，尤其是在捕捉、运输泥鳅时，尽量避免机械损伤；②泥鳅从卵到苗种阶段必须带水操作，动作应规范轻巧，避免鳅体受伤；③用2 毫克/升水体亚甲基蓝浸洗鱼卵 3～5 分钟；④彻底清塘，从而杜绝病菌来源；⑤用底质改良剂对稻田的田间沟进行改底。

【治疗方法】①病鳅用 0.5～0.8 毫克/升亚甲基蓝浸洗 20 分钟，或用 2%～3% 的食盐水溶液浸洗 5～10 分钟；②在孵化过程中，可用 1 毫克/升亚甲基蓝溶液浸泡卵 30 分钟；③用 0.04% 食盐水和 0.04% 小苏打合剂溶液洗浴 1 小时；④用 0.02% 食盐水和 0.01% 小苏打合剂溶液全田泼洒；⑤每亩用 5 千克菖蒲煎液，连渣一起全田泼洒。

六、赤 皮 病

【别名】赤皮瘟、擦皮瘟。

【病原病因】细菌感染导致。尤其是在捕捞或运输时受伤，细菌侵入皮肤所引起的。

【症状特征】体表局部出血、发炎，鳞皮脱落，腹部两侧最明显，病鳅身体瘦弱。

【流行特点】①全国各养殖区均能发病；②一年四季均可发生。

【危害情况】①主要危害成鳅；②该病发病快，传染率及死亡率都很高，最高时死亡率可达 80%。

【预防措施】①放养时用 10 毫克/升的漂白粉浸洗鳅体 20 分钟；②在田埂上栽种菖蒲和辣蓼；③捕捞和运输苗种时，小心操作，勿使鳅体受伤；④发病季节用 0.4 毫克/升的漂白粉挂篓预防。

【治疗方法】①用 0.5 毫克/升的漂白粉全田泼洒；②用 100 克/升的食盐水或 10 毫克/升的二氧化氯溶液擦洗患处；③用 20～50 克/升的食盐水浸洗病鳅 15～20 分钟；④用光合细菌调好水质，泼洒浓度为 2 毫克/升的聚维酮碘溶液，在泥鳅的病情稳定后，再用 E 米原露全田泼洒，稳定水质。

七、白身红环病

【病原病因】因泥鳅捕捉后长期蓄养所致。

【症状特征】病鳅体表及各鳍条呈灰白色，体表出现红色环纹，严重时患处溃疡。此病系捕捉后长时间流水蓄养所致。

【流行特点】①全国各地均有此病发生；②3～7月是该病流行高峰期。

【危害情况】①主要危害成鳅；②严重时可引起泥鳅死亡。

【预防措施】①泥鳅放养后用0.2毫克/升的二氧化氯泼洒水体；②鳅泥要用生石灰彻底清塘。

【治疗方法】①一旦发现此病，立即将病鳅移入静水池中暂养一段时间；②放养前用5毫升/升的二氧化氯溶液浸泡15分钟；③将1千克干乌桕叶（约4千克鲜品）加入20倍重量的2%生石灰水中浸泡24小时，再煮10分钟后带渣全田泼洒，使田水浓度为4毫克/升。

八、出 血 病

【病原病因】引起泥鳅患出血病的因素较为复杂，一般有病毒性、细菌性和环境因素的影响。一般认为由单孢杆菌和寄生虫侵害鳅体或操作粗心，致使鳅体全身或局部受损产生充血、溢血、溃疡等现象。

【症状特征】病鳅眼眶四周、鳃盖、口腔和各种鳍条的基部充血。剥开皮肤发现，肌肉呈点状充血。严重时体色发黑，眼球突出，全部肌肉呈血红色，某些部位有紫红色斑块，病鳅呆浮或在沉底懒游。打开鳃盖可见鳃部呈淡红色或苍白色。轻者食欲减退，重者拒食，体色暗淡，清瘦，分泌物增加，有时并发水霉、败血症而死亡。

【流行特点】水温在25～30℃时流行，每年6月下旬至8月下旬为流行季节。

【危害情况】①患病的主要是当年泥鳅；②能引起泥鳅大量死亡；③此病是急性型，发病快、死亡率高。

【预防措施】①幼鳅在培养过程中，适当稀养，保持稻田水体的清洁，对预防此病有一定的效果；②彻底清塘；③调节水质，4

月中旬开始每隔 20 天泼生石灰 20～25 千克/亩，7～8 月用漂白粉 1 毫克/升浓度全田遍洒，每 15 天进行一次预防。

【治疗方法】①先用溴氯海因 10 毫克/升浓度浸洗 50～60 分钟，然后用三氯异氰脲酸 0.5～1.0 毫克/升浓度全田遍洒，10 天后再用同样浓度全田遍洒。②严重者在 10 千克水中，放入 100 万单位的卡拉霉素或 8 万～16 万单位的庆大霉素，水浴静养 2～3 小时，多则半天后换入新水饲养。每天一次，一般 2～3 次即可治愈。③用敌百虫全田泼洒，使其在田水中的敌百虫浓度为 0.5～0.8 毫克/升；用高锰酸钾全田泼洒，使其在田水中的敌百虫浓度为 0.8 毫克/升；用强氯精全田泼洒，使在田水中的敌百虫浓度为 0.3～0.4 毫克/升。④每吨饲料加氟哌酸 200 克，连喂 3～5 天；或每吨饲料加甲砜霉素 500～1 000 克，连喂 3～5 天。⑤每万尾用 4 千克水花生、250 克大蒜、250 克食盐与浸泡豆饼一起磨碎投喂，每天 2 次，连续 4 天，施药前一天用硫酸铜 0.7 毫克/升全田泼洒。⑥高效水体消毒剂 300～400 克/（亩·米），全田泼洒，连泼 3 天。⑦用黄柏 80%、黄芩 10%、大黄 10%配制成药饵投喂，方法是按每 100 千克鱼种每日用混合剂 1 千克、食盐 0.5～1 千克、面粉 3 千克、麦皮 6 千克、菜饼或豆饼粉 3～5 千克，清水适量，充分拌匀配制成药饵，连续喂 5～10 天。⑧每 100 千克鱼种用 10～15 千克鲜水花生，粉碎成浆加食盐 0.5 千克，再用面粉调和制成药饵，连喂 6 天。⑨每 50 千克草鱼用仙鹤草 250 克、紫珠草 100 克、大青草 250 克、海金沙 100 克。煮汁洒在青饲料上，待水气蒸发后再用大黄、板蓝根各 400～500 克，磨碎并加入 5 克磺胺嘧啶拌匀的精饲料或面粉糊，洒在水气蒸发后的青草上喂鱼。连喂 4～5 天。

九、打印病

【别名】腐皮病。

【病原病因】操作不当、鱼体受伤时，点状产气单胞菌点状亚种侵入病鳅肌体，造成肌肉腐烂发炎。

【症状特征】发病部位主要在背鳍和腹鳍以后的躯干部分，其次是腹部侧或近肛门两侧，少数发生在鳅体前部。病初先是皮肤、肌肉发炎，体表浮肿，出现红斑；后扩大成圆形或椭圆形，边缘光滑，分界明显，就像打上印章一样，俗称"打印病"。随着病情的发展，病鳅鳞片脱落，皮肤、肌肉腐烂，甚至穿孔，可见到骨骼或内脏。病鳅身体瘦弱，游动缓慢，严重发病时陆续死亡。

【流行特点】①该病几乎可以危害所有的泥鳅，而且大多是由于泥鳅体表受伤后受病原菌感染所致；②春末至秋季是流行季节，夏季水温 28～32 ℃是流行高峰期；③该病在全国各地均有发生。

【危害情况】①此病是泥鳅的常见病、多发病，患病的多数是 1 龄以上的大鳅，当年鳅患病少见；②亲鳅患此病后，性腺往往发育不良，怀卵量下降，甚至当年不能催产。

【预防措施】①彻底清塘，经常保持水质清洁，加注新水；②加强饲养管理，注意细心操作，避免鳅体受伤；③在发病季节用 1 毫克/升的漂白粉全田泼洒消毒；④用 0.3 毫克/升二氧化氯全田泼洒或用 20 毫克/升三氯异氰脲酸药浴 10～20 分钟。

【治疗方法】①每尾鱼注射青霉素 10 万单位；同时，用高锰酸钾溶液擦洗患处，每 500 克水用高锰酸钾 1 克。②用 2.0～2.5 毫克/升溴氯海因浸洗。③发现病情时，及时用 1‰三氯异氰脲酸溶液涂抹患处，并用相同的药物泼洒，使水体中的药物浓度达到 0.3～0.4 毫克/升。④用稳定性粉状二氧化氯泼洒，使水体中的药物浓度达到 0.3～0.5 毫克/升。⑤对患病亲鱼可在其病灶上涂搽 1‰的高锰酸钾溶液或紫药水，或用纱布吸去病灶水分后涂以金霉素或四环素药膏。⑥每亩用苦参 0.75～1 千克，每 0.5 千克药加水 7.5～10 千克，煮沸后再慢火煮 20～30 分钟，然后把渣、汁一起泼入水中，连续 3 天为一疗程。发病季节每半月预防一次。⑦每亩用苦参 0.5 千克、漂白粉 2 千克，将苦参加水 7.5 千克，煮沸后再慢火煮 30 分钟，然后把渣、汁一起泼入水中；同时将漂白粉化水全田泼洒，连续 3 天为一疗程。⑧每千克饲料用 1～3 克维生素或 3～5 克的免疫促进剂，内服，7 天一个疗程。

十、气 泡 病

【病原病因】因水中氧气或其他气体含量过多或过少而引起。如果水中的溶解氧含量过高，稻田里包括田间沟内会有一些小小的气泡，鳅苗鳅种把气泡误认为是食物，吞食之后造成腹中有一个泡鼓起来似气泡一样。如果培育池的水体中溶解氧含量不足，苗种呼吸比较困难时会在水面呼吸空气，此时如果吞食空气也沉不下去。

【症状特征】在泥鳅苗种培育过程中，当泥鳅因肠中充气而浮于水面时，肚皮鼓起似气泡。当苗种受到惊动时，它就立即拼命地往水下游，但是游了一段时间之后，又会自然而然地往上浮，漂浮在水面，始终沉不下去。就是说，泥鳅有游动能力，但是游不到水底，只能浮在水面。

【流行特点】在夏季高温季节流行。

【危害情况】主要危害鱼苗。

【预防措施】①及时清除池中腐败物，不施用未发酵的肥料；②掌握好投饵量和施肥量，防止水质恶化；③加水前进行曝气，充分降解水中有机物；④加强日常管理，合理投饵，防止水质恶化；⑤控制好溶解氧，就能有效地减少气泡病的发生。

【治疗方法】①每亩用食盐 4～6 千克全池泼洒，同时减少投饵量；②发生气泡病时，立即冲入清水或黄泥浆水；③用 0.7 毫克/升的硫酸铜化水全池泼洒；④发病后适当提高水体 pH 和透明度。

十一、弯 体 病

【病原病因】①因孵化时水温异常；②水中重金属元素含量过高；③缺乏必要的维生素；④饲料投喂不当；⑤环境不良引起泥鳅

的应激反应。

【症状特征】引起泥鳅骨骼变形，身体弯曲或尾柄弯曲。

【流行特点】①全国各地均可发生；②春夏和夏秋之间易发病。

【危害情况】泥鳅从幼鱼到成鱼均能感染。

【预防措施】①保持良好的孵化水温；②在饵料中添加多种维生素；③投喂的饲料要注意动物性饲料、植物性饲料的搭配及无机盐添加剂的用量；④经常换水，改良底质。

【治疗方法】①先用底质改良剂来改良底质，再用光合细菌等改良水质；②用免疫促进剂，如应激解毒安 2～5 毫克/升，连用 2～3 天；③每千克饲料用 1～3 克维生素 C 和芽孢杆菌 2～5 克内服。

十二、肝胆综合征

【病原病因】①在高密度养殖的稻田中，泥鳅长期处在较高浓度的亚硝酸盐和氨氮的环境下；②滥用不合格的饲料，导致泥鳅由于投喂腐败变质的饲料引起饲料中毒；③泥鳅长期营养不均衡，生理失调，机体免疫力下降。

【症状特征】病鳅游动缓慢，体色发黑，鳃丝、胆囊肿大，血红细胞减少，血红蛋白降低，肝脏变黑，鳅体脱黏。

【流行特点】在夏秋季节容易发生。

【危害情况】可导致泥鳅批量死亡。

【预防措施】①加强饲养管理，保证饲料新鲜，不变质及不受污染；②养殖密度要合理，及时换冲水，定期泼洒水质改良剂和底质改良剂，降低稻田中的亚硝酸盐和氨氮浓度，保持水体和藻相的平衡。

【治疗方法】①在发病季节，每千克饲料加抗生素 5 克，连续投喂，同时用漂白粉挂袋处理；②发病时要做好调水和保水工作，一般可以用底改剂、降解灵等来调节水质；水质稳定后，再用光合细菌、EM 菌原露、芽孢杆菌等微生物制剂来保水。

十三、车轮虫病

【病原和病因】由车轮虫侵袭泥鳅的皮肤而造成的。

【症状特征】病鳅离群独游，浮于水面缓慢游动，急促不安，或在水面打转；食欲减退，身体瘦弱，体表黏液增多，轻则影响生长，重则导致死亡。

【流行特点】该病在春秋季节较为流行。

【危害情况】可引起泥鳅大批死亡。

【预防措施】放养前用生石灰彻底清塘。

【治疗方法】①发病水体用药物全田泼洒，每立方米水体用硫酸铜 0.5 克和硫酸亚铁 0.2 克全田泼洒；②病鳅用 1%～2%食盐水浸浴 5 分钟；③用浓度为 0.15～0.2 毫克/升的灭虫精全田泼洒。

第十章

典 型 案 例

一、安徽省霍邱县孟集镇稻香源家庭农场稻鳅共作案例

(一) 基本信息

养殖户姚宪甫，住六安市霍邱县孟集镇薛岗村，稻香源家庭农场负责人。稻田养殖泥鳅模式，面积90亩，28口塘，一般每口塘占地3亩左右。姚宪甫是位专业从事水稻种植的能手，2014年流转孟集境内县城东湖边90亩稻田种植水稻。该田块水源充足，水质良好，从事稻田养殖有得天独厚的优越条件。2015年试点30亩稻鳅共作效益很好，2016年将流转的90亩稻田全部开挖，建立示范性的稻鳅共作养殖基地（表10-1）。

表10-1 稻鳅共作种养和收获情况

稻田面积：90亩

品种	放　种			收　获		
	时间	平均规格（克/尾）	放养量（千克/亩）	时间	平均规格（克/尾）	收获量（千克/亩）
泥鳅	6月17日	5	130	10月25日	65	215
水稻	6月5日		4	10月9日		620
合计						

(二) 技术要点

(1) 稻田条件　薛岗村境内东湖边稻田土质肥沃，黏性土保水性能好，且东湖边水源充足，水质良好，排灌方便。

（2）田间工程建设　3月初开始开挖环沟、鱼沟和鱼函。环沟宽2米、深1米。沿田埂四周开挖，呈环形，开挖的泥土地用于加宽、加高、加固稻田堤岸。田间鱼沟是泥鳅觅食的活动场所，开挖呈"井"字形，宽30厘米、深40厘米；在稻田最低处开挖鱼函，函深80厘米，面积为稻田总面积的9%。沟函相通，环沟、田间鱼沟和鱼函占稻田总面积9.5%，整个工程在3月底结束，基建结束后用生石灰对全部田块进行消毒。

（3）防护与配套设施　在进、排水口及四周的田埂，用1.5米的7目聚氯乙烯网片下埋50厘米防泥鳅逃跑，然后用木桩、铁丝固定。进、排水系统分开设置，进水口和排水口成对角线安置，用较密的铁丝、聚乙烯双层网封好，以防止泥鳅逃逸和敌害侵入。

（4）水稻的选择和插秧　水稻品种选徽两优6号，主要原因是其植株中等，秸秆坚硬，不易倒伏，分蘖力强，抗病抗虫害，适合稻田养殖。插秧时在鱼沟和鱼函四周增加栽秧密度，充分发挥边际效益和利用田体空间，平均1.4万穴/亩，插秧时间为6月3～4日。

（5）泥鳅放养　6月8日施足基肥，以培养繁殖浮游生物，6月15日进行泥鳅放养。将从市场上收购回来苗种经过筛选、消毒后，投入稻田里。平均每亩投放130千克，总计投放11 700千克苗种。平均每千克12元，共花费140 400元。此时市场上泥鳅价格偏低，多收购大规格苗种放养，9月以后平均每千克最低能卖到20元上。在养殖过程中做好防逃、防病等管理工作，收获时每千克差价就可获利10元左右。

（6）日常管理　该养殖户住家离稻田很近，每天从早到晚几乎都在田间，凡事亲力亲为，能及时观察水质，适时换水。在6～9月泥鳅病易发季节每隔2周用生石灰沿沟函泼洒，用量为10克/米^3。整个养殖周期内无泥鳅病害现象发生，同时定期清理进、排水管道中的拦鱼设备，保持稻田周边环境整洁。在稻田病虫害防治方面，以杀虫灯杀虫为主、农药防治为辅，仅于7月5日、8月10日用无公害农药喷洒两次，水稻长势良好。

因2016年夏天雨天极大，尤其是出现连续强降雨天气，因此易发生满堤而导致泥鳅逃跑。但养殖户及时掌握天气变化，准备了5台大功率抽水机，将稻田雨水抽出，避免了经济损失。

（三）经济效益分析

经统计，90亩稻鳅共作田共收获泥鳅19 350千克，销售平均价格20元/千克计算；稻谷55 800千克，按2.5元/千克计算，总产值526 500元。总成本354 400元，总利润172 100元，亩平均利润1912元（具体效益见表10-2）。

表10-2　稻鳅共作种养经济效益

稻田面积：90亩

项目	类　别	金额（元）	备　注
成本	稻种费	3 700	基建成本按10%折旧计算
	田租费	27 000	
	基建费（控沟费、水电费等）	35 000	
	化肥费	23 500	
	有机肥费	3 500	
	农药费	1 500	
	服务费（耕作费、插秧费、收割费、管理费）	36 000	
	泥鳅苗种费	140 400	
	水产饲料费	12000	
	水产药物费	1 800	
	产品加工费		
	产品营销费	15 000	
	劳动用工费	40 000	
	其他	15 000	
	合计成本	354 400	
产值	总产值	526 500	
	每亩产值	5 850	
利润	总利润	172 100	
	每亩利润	1 912	

作为对照田 90 亩稻田仅种植水稻，共收稻谷 63 000 千克，按 2.5 元/千克计算，总产值 157 500 元，总成本 98 000 元，总利润 59 500 元，每亩平均利润 661 元（具体效益见表 10 - 3）。

表 10 - 3　水稻单作经济效益

稻田面积：90 亩

项目	类　别	金额（元）	备　注
成本	稻种费	4 000	基建成本按 10% 折旧计算
	田租费	27 000	
	基建费（挖沟费、水电费等）	4 500	
	化肥费	23 500	
	有机肥费	3 500	
	农药费	2 500	
	服务费（耕作费、插秧费、收割费、管理费）	15 000	
	产品加工费		
	产品营销费	3 000	
	劳动用工费	15 000	
	其他		
	合计成本	98 000	
产值	总产值	157 500	
	每亩产值	1 750	
利润	总利润	59 500	
	每亩利润	661	

（四）发展经验

（1）品牌建设　稻鳅共作田生产出的稻谷品质优良、无公害。生产中多使用灯光诱虫杀虫，减少了农药使用量。在种植过程中农药化肥用量大大降低，生产出的稻谷达到有机稻谷的标准。若能申请有机品牌，对提升稻谷价格、提高养殖户经济效益等多方面都有很大的上升空间。

（2）发展机制　稻田种植和稻鳅共作两种生产模式对比发现，稻鳅共作模式亩均利润是水稻单作的 3 倍，且抗风险能力强。若水稻因高温病害等遭受损失，可以从泥鳅中收回成本；若泥鳅养殖过程中遭受了损失，还可以依靠粮食收回部分成本。与水稻单作、池塘养泥鳅相比较，稻田共作的抗风险能力大大增强。目前孟集镇水稻面积 90 000 多亩，有一半以上的稻田水源都很充足，未来发展稻鳅共作、种养双赢模式的空间很大。

二、安徽省霍邱县潘集镇清鑫水产合作社稻鳅共作典型案例

（一）基本信息

养殖户张清玲，六安市霍邱县潘集镇街道村计生专干，高中文化，喜欢接受新鲜事物。2013 年创办清鑫水产养殖专业合作社，投资 60 万元，主养黄鳝、泥鳅等品种。2014 年尝试稻田养泥鳅试验，取得初步成功。2015 年扩大养殖规模，建立稻鳅共生示范基地。该基地选择 4 块稻田，每块 5 亩，共计 20 亩进行稻鳅共作。该项目主要建设内容为农田开挖、垛土堆积、建设涵闸、埋设水管、铺设防逃网等。

（二）技术要点

该基地水稻插播、泥鳅放苗、放养量及收获情况见表 10-4。

表 10-4　稻鳅共作种养和收获情况

稻田面积：20 亩

品种	放　种			收　获		
	时间	平均规格（克/尾）	放养量（千克/亩）	时间	平均规格（克/尾）	收获量（千克/亩）
泥鳅	5 月 10 日	8	25	10 月 10 日	30	100
水稻	6 月 10 日		4	10 月 15 日		510
合计						

1. 技术要点

（1）每块稻田面积以 3～5 亩为宜，每块田中垛土面积占 2/3、沟渠面积占 1/3。沟深 0.6～0.8 米、宽 1 米，田埂高 1.2 米。稻田四周铺设聚乙烯网，高 0.6 米，用于防逃、防蛇鼠蛙等敌害生物入侵。每块田中间设置一台杀虫灯，用于捕杀水稻害虫。

（2）到 4 月下旬，养殖塘口修整工作完成，带水消毒。每亩水深 10 厘米，用生石灰 60 千克，全池泼洒。1 周后，施腐熟的猪粪 1 000 千克/亩，加满水。用于培肥水质，供泥鳅养殖。泥鳅苗种下塘前用高锰酸钾每吨水 10 克浸泡 10 分钟，进行体表消毒；下塘后每 15 天用杀虫剂、消毒剂（10％聚维酮碘溶液等）泼洒，预防疾病发生。平时做到勤巡塘，防止塘埂破损和渗漏；经常检查进出水口涵闸拦鱼设备，防止泥鳅逃逸。

（3）水稻选择抗倒伏品种，高产质优。育秧、插播等技术参照大田生产。水稻病虫害防治，采用杀虫灯捕杀为主，辅以农药，防治蚜虫、稻飞虱等。

2. 养殖特点

该户从事水产养殖多年，有丰富的养殖经验，配备有增氧机、投饵机、地笼等渔具。建有办公场所，养殖台账，证照齐全，管理到位。合作社法人张清玲做事认真负责，凡事亲力亲为。每天坚持巡塘，查看水质及设备安全，注重稻田周边环境的整洁。在养殖过程中，遇到难题，虚心请教，善于总结经验，努力学习养殖技术，不断提高养殖水平。

（三）经济效益分析

经测算，该基地稻鳅共生 20 亩共收获成鳅 2 000 千克、水稻 9 000 千克，总产值 82 500 元。总成本 45 880 元，总利润 36 620 元，亩利润 1 831 元。具体种养效益分别见表 10-5 和表 10-6。

（四）经验与体会

经过几年的探索发展，清鑫水产合作社稻鳅共作养殖模式，取得很好的经济效益。2015 年该模式共获得产值 82 500 元，亩产值

4 125 元，实现利润 36 620 元，亩利润约 1 831 元。比传统单纯种植水稻效益高出 1～2 倍。种养期间，养殖水质始终保持"肥、活、嫩、爽"，既满足泥鳅生长的需要，又促进水稻生长。减少了化肥和农药的使用，既节省成本，又保护了环境，实现了经济效益和生态效益的协调发展。

表 10-5　稻鳅共作种养经济效益

稻田面积：20 亩

项目	类　　别	金额（元）	备　注
成本	稻种费	780	
	田租费	6 000	
	基建费（控沟费、水电费等）	3 500	
	化肥费	400	
	有机肥费	300	
	农药费	300	
	服务费（耕作费、插秧费、收割费、管理费）	2 800	
	泥鳅苗种费	8 000	
	水产饲料费	4 000	
	水产药物费	600	
	产品加工费	500	
	产品营销费	500	
	劳动用工费	18 000	
	其他	200	
	合计成本	45 880	
产值	总产值	82 500	
	每亩产值	4 125	
利润	总利润	36 620	
	每亩利润	1 831	

表 10 - 6　水稻单作经济效益

稻田面积：20 亩

项目	类　别	金额（元）	备　注
成本	稻种费	1 200	
	田租费	6 000	
	基建费（挖沟费、水电费等）		
	化肥费	600	
	有机肥费		
	农药费	350	
	服务费（耕作费、插秧费、收割费、管理费）	4 000	
	产品加工费		
	产品营销费	200	
	劳动用工费	200	
	其他		
	合计成本	12 550	
产值	总产值	28 500	
	每亩产值	1 425	
利润	总利润	15 950	
	每亩利润	797.5	

　　同时，该模式还有很大改进空间：①先种水稻，后放养泥鳅，既可以促进水稻保苗与生长，又能提高泥鳅苗的成活率；②尽量放养大规格泥鳅苗（以 5～10 克/只为宜），成活率高达 50% 以上；③养殖塘四周铺设围网，有条件的可以在上面加盖网，以防止鸟类、虫类、鼠、蛇、蛙类等泥鳅的敌害生物入侵，提高种养成活率。

　　潘集镇清鑫水产合作社近几年在稻鳅共作、黄鳝养殖方面取得较大发展。在当好科技示范户的同时，利用自身的影响，带动周边农户发展水产养殖业，取得了可喜的成绩。

三、安徽省怀远县禹圣现代农业有限 公司稻鳅共作典型案例

（一）基本信息

安徽禹圣现代农业有限公司，地处蚌埠市怀远县古城乡刘桥村。该村紧靠四方湖北岸，水资源丰富，排灌水设施齐全。2015年该公司利用稻田生态养殖泥鳅，取得了较好的效益。养殖面积300亩，6口稻田，进、排水相对独立。

按照"不渗漏、保水性强、水源充足、水质好、进排水方便、光照条件好、便于管理、集中连片"的要求，公司选择并承包了该块田块，该田块距离206国道不足1千米，交通便利、设施完备，开展稻鳅共生综合种养条件好。水稻种植品种为皖稻96，水产养殖品种为泥鳅（表10-7）。

表10-7　稻田综合种养和收获情况

稻田面积：300亩

品种	放　　种			收　　获		
	时间	平均规格（克/尾）	放养量（千克/亩）	时间	平均规格（克/尾）	收养量（千克/亩）
泥鳅	6月11日	1.0	25	11月12日	25	82
水稻	6月8日		5	11月12日		586
合计						

（二）技术要点

（1）技术要点　6月中旬麦收后及时做好田间工程建设，在稻田的一边开挖宽4米左右、深1～1.5米的暂养沟，沟面积占稻田面积的5%。开挖环沟和田间沟，沿四周田埂内侧，距埂0.5～1米挖环形沟，沟宽1～2米、深0.5米。面积稍大的田块，在田中加挖"十"字形或"井"字形的田间沟。田间沟宽0.5米、深0.3米，暂养沟、环形沟、田间沟面积之和一般可占稻田面积的8%～

10%，并做到沟沟相通。加高、加固田埂，用开挖环沟和暂养沟的土方加高、加宽田埂，并夯实加固，严防漏水。在田的对角开进、排水口，建设防逃设施；进水口和排水口地基要求相应宽些，并夯实加固，用网目适宜的筛绢或聚乙烯网片等做防逃设施。

工程做好后加水泡田，适时进行水稻栽插。选用高产优质、抗病性强、耐肥抗倒伏的皖糯 96、武育糯 16 号、武糯 99 - 25、皖垦糯 1 号等水稻品种。精细整地，施足基肥：亩施水稻专用肥 50 千克或尿素 12 千克，肥料随撒随耕，精耕细耙。

采取大垄双行栽插方式，即两行为一组，组内的株距 18 厘米、行距 20 厘米，两组之间的行距 40 厘米，充分发挥边际效益，每亩不少于 13 500 穴，保证水稻产量。

（2）养殖特点　采取稻鳅结合模式，一般亩产稻谷 500 千克以上，亩产泥鳅 50 千克以上。

养殖小窍门：①防鸟技术。在环沟上方加盖防鸟网，防治泥鳅被水鸟吃掉。泥鳅养殖回捕率较低的主要原因是，大量泥鳅幼苗在成长过程中惨遭水鸟捕食，因此做好防鸟工作在泥鳅养殖中至关重要。②苗种选择。养殖苗种的选择也是决定养殖成败的一个关键，根据以前的养殖经验，投放在市场上收购来的野生泥鳅苗种进行养殖，存在品种混杂、规格不一、带病带伤、难以驯化开口吃食等弊端。该公司总结了以上经验，果断从正规泥鳅苗种生产场家购买泥鳅苗种进行养殖，取得了较好的养殖效果。

（3）如何用生态的办法解决养殖中水稻虫害控制问题　水稻生长过程中常常遭遇各种虫害的危害，给水稻生产带来巨大损失。这些害虫有：卷叶螟、稻飞虱、稻蓟马、钻心虫、叶蝉等。对于水稻虫害，常规的防治方法是喷施杀虫农药。但是在稻鳅共生的田里，使用杀虫农药会对泥鳅产生毒害，污染水环境，降低农业产品品质。安徽省怀远县禹圣现代农业有限公司采取的方法是：在虫害发生的早期，停止投喂泥鳅 2 天，让泥鳅饥饿；然后在短时间内加深稻田水体，使水稻全部没入水中并保持 10 小时以上的浸泡时间。目的是让泥鳅把水稻害虫以及虫卵吃掉，达到治虫的目的。

（三）经济效益分析

该基地种养面积 300 亩，2015 年收获水稻 175 800 千克，单价 2.8 元/千克，水稻收入 492 240 元；生产商品泥鳅 24 600 千克，收入 639 600 元。合计总产值：1 131 840 元，生产成本合计 648 840 元，利润 483 000 万元，亩利润 1 610 元。详见表 10 - 8。

表 10 - 8　稻鳅共生种养经济效益

稻田面积：300 亩

项目	类　别	金额（元）	备　注
成本	稻种费	19 440	
	田租费	120 000	
	基建费（挖沟费、水电费等）	117 600	
	化肥费	33 000	
	有机肥费	0	
	农药费	10 800	
	服务费（耕作费、插秧费、收割费、管理费）	30 000	
	泥鳅苗种费	195 000	
	水产饲料费	33 000	
	水产药物费	0	
	产品加工费	0	
	产品营销费	0	
	劳动用工费	90 000	
	其他	0	
	合计成本	648 840	
产值	总产值	1 131 840	
	每亩产值	3 772.8	
利润	总利润	483 000	
	每亩利润	1 610	

周边水稻单作效益情况：2015 年亩收获水稻 552 千克，单价 2.8 元/千克，水稻收入 1 545.6 元。生产成本合计 908.2 元，亩利润 637.4 元。详见表 10-9。

表 10-9　水稻单作经济效益

稻田面积：10 亩

项目	类　　别	金额（元）	备　　注
成本	稻种费	655	
	田租费	4 000	
	基建费（挖沟费、水电费等）	660	
	化肥费	2 500	
	有机肥费	0	
	农药费	867	
	服务费（耕作费、插秧费、收割费、管理费）	1 000	
	产品加工费	0	
	产品营销费	0	
	劳动用工费	0	
	其他	0	
	合计成本	9 082	
产值	总产值	15 456	
	每亩产值	1 545.6	
利润	总利润	6 374	
	每亩利润	637.4	

（四）发展经营

（1）**市场经营**　产品主要通过渔业休闲观光基地销售，市场比较稳定。渔业观光基地的销售形势有两种：一是酒店的餐饮，二是小包装、鲜活包装。

（2）**品牌建设**　稻田综合种养生产的稻米和泥鳅属于优质农产品，广大消费者对此比较认同。

（3）发展机制　怀远县农业委员会、怀远县水产局出台相关政策，鼓励发展稻田养殖。水产技术推广中心技术人员多次到基地指导稻田工程设计、养殖技术等工作，帮助公司解决技术问题。

四、安徽省怀远县悯农种植专业合作社稻鳅共作典型案例

（一）基本信息

怀远县悯农种植专业合作社，地处蚌埠市怀远县白莲坡镇白莲坡村，紧靠茨淮新河，水资源丰富，排灌水方便。2016年合作社开展稻田生态养殖泥鳅生产，取得了较好的效益。养殖面积55亩，8口稻田，防逃网、防鸟网等设施齐全。

合作社选择该块田稻田是其承包并经营多年的田块之一。该田块在安徽省国道225旁，交通便利、设施完备。水稻种植品种为皖稻68，水产养殖品种为台湾泥鳅。

表10-10　稻田综合种养和收获情况

稻田面积：55亩

品种	放养			收获		
	时间	平均规格（克/尾）	放养量（千克/亩）	时间	平均规格（克/尾）	收养量（千克/亩）
泥鳅	7月10日	5.0	50	11月12日	58.5	400
水稻	6月10日		2.5	11月10日		530
合计						

（二）技术要点

（1）技术要点　6月中旬麦收后及时做好田间工程建设，在稻田的一边开挖宽4米左右、深1～1.5米的暂养沟，沟面积占稻田

面积的 10%。沿四周田埂内侧开挖环沟，距埂 0.5～1 米、沟宽 3 米、深 1.5 米。加高、加固田埂，用开挖环沟和暂养沟的土方加高、加宽田埂，并夯实加固，严防漏水。在田的对角开进水口和排水口。

工程做好后加水泡田，适时进行水稻栽插。选用高产优质、抗病性强、耐肥抗倒伏的皖糯 68 水稻品种。精细整地，施足基肥。亩施有机肥 50 千克，水稻专用复合肥 7.5 千克，精耕细耙。

架设防鸟网，在稻田上空架设防鸟网，用钢管做立柱，细钢丝做钢绳。

6 月中下旬为水稻插播时间，具体以泥鳅苗种下池前 10 d 以上为准。

水稻采取机插方式，株距 20 厘米、行距 20 厘米。边行可以密植，充分发挥边际效益。每亩不少于 13 500 穴，保证水稻产量。

（2）**养殖特点**　投喂泥鳅专用膨化颗粒饲料，饲料的蛋白质含量不低于 32%。每日投饵一次，时间为 17：00～18：00，投喂量为泥鳅体重的 2%～3%，具体要以泥鳅的摄食情况而定。

饲养管理期间，坚持巡塘，防止鸟害，清除杂草，查看鳅苗是否缺氧；检查水质，清除蛇、蛙、水蜈蚣等敌害生物。

养殖小窍门：①防鸟技术。在环沟上方加盖防鸟网，防治泥鳅被水鸟吃掉。泥鳅养殖回捕率较低的主要原因就是水鸟危害，大量泥鳅幼苗在成长过程中惨遭水鸟捕食，因此做好防鸟工作在泥鳅养殖中至关重要。②苗种选择。从正规泥鳅苗种生产场家购买台湾泥鳅苗种进行养殖。

（3）**如何用生态的办法解决养殖中水稻虫害控制问题**　合作社采取的方法是：在虫害发生的时候，停止投喂泥鳅 2 天，让泥鳅饥饿；然后在短时间内加深稻田水体，使水稻全部没入水中并保持 10 小时以上的浸泡时间。目的是让泥鳅把水稻害虫及其虫卵吃掉，达到治虫的目的。

（三）经济效益分析

种养面积 55 亩，收获水稻 29 150 千克，单价 2.5 元/千克，水稻收入 72 875 元；生产商品泥鳅 22 000 千克，收入 528 000 元。合计总产值 600 875 元，生产成本合计 334 950 元，利润 26.59 万元，亩利润 4 835 元。详见表 10 - 11。

表 10 - 11　稻鳅共生种养经济效益

稻田面积：55 亩

项目	类　别	金额（元）	备　注
成本	稻种费	3 300	
	田租费	33 000	
	基建费（挖沟费、水电费等）	11 000	
	化肥费	1 650	
	有机肥费	8 250	
	农药费	0	
	服务费（耕作费、插秧费、收割费、管理费）	8 250	
	泥鳅苗种费	55 000	
	水产饲料费	165 000	
	水产药物费	0	
	产品加工费	0	
	产品营销费	0	
	劳动用工费	44 000	
	其他	5 500	
	合计成本	334 950	
产值	总产值	600 875	
	每亩产值	10 925	
利润	总利润	265 925	
	每亩利润	4 835	

周边水稻单作效益情况：亩收获水稻 540 千克，单价 3.0 元/千克，水稻收入 1 600 元。生产成本合计 1 250 元，亩利润 350 元。详见表 10-12。

表 10-12　水稻单作经济效益

稻田面积：10 亩

项目	类　　别	金额（元）	备　　注
成本	稻种费	700	
	600	4 000	
	基建费（挖沟费、防逃费、哨棚费、水电费等）	0	
	化肥费	1 000	
	有机肥费	0	
	农药费	300	
	服务费（耕作费、插秧费、收割费、管理费）	1 500	
	产品加工费	0	
	产品营销费	0	
	劳动用工费	0	
	其他	1 000	
	合计成本	12 500	
产值	总产值	16 000	
	每亩产值	1 600	
利润	总利润	3 500	
	每亩利润	350	

（四）发展经营

（1）**市场经营**　产品主要通过市场销售，客户稳定。下一步打算建设网上销售渠道和现场销售渠道。

（2）**品牌建设**　稻田综合种养生产的稻米和泥鳅属于优质农产品，广大消费者对此比较认同，下一步打算通过稻米的无公害认证。

（3）**发展机制**　怀远县农业委员会、怀远县水产局出台相关政策，鼓励发展稻田养殖。水产技术推广中心技术人员多次到基地指导稻田工程设计、养殖技术等工作，帮助公司解决技术问题。

五、安徽省淮南市潘集区淮南市阅然生态农业有限公司稻鳅共作典型案例

（一）基本信息

淮南市阅然生态农业有限公司，位于淮南市潘集区平圩镇新桥村。当地是淮南市传统的稻田种植区，土地平坦，水源方便。该公司总经理段中兆 2014 年开始进行水稻、泥鳅（台湾泥鳅）共作（共 32 亩，共作面积 26 亩，另 6 亩改造成池塘养殖本地泥鳅，用作效益对比），2015 进行进一步完善，2016 年进入模式稳定期，效益明显（表 10-13）。并且该户农民对比还发现，稻田养殖泥鳅产量高于同等面积池塘的产量，并且规格也比池塘要大。

表 10-13　稻鳅共作种养和收获情况

稻田面积：26 亩

品种	放　种			收　获		
	时间	平均规格 （克/尾）	放养量 （千克/亩）	时间	平均规格 （克/尾）	收获量 （千克/亩）
泥鳅	7月17日	0.42	4.58	11月1日	40尾/千克	750
水稻	6月　25日		4	10月2日		502
合计						

（二）技术要点

本文所有数据都是依含埂在内平均面积进行测算，而非仅水面或种植水稻面积作为测算基础，主要是体现单位土地面积的实际经济效益。

1. 技术要点

根据稻田条件、设施设备、茬口衔接、稻鳅共作、放养、饲料投喂方式、养殖管理措施等，因地制宜地选择适合自己的养殖品种和模式。

2. 养殖特点

注重稻田硬件设施，注重稻田周边环境整洁，有自己独特的养

殖观念，凡事亲力亲为，有巡塘习惯等。

3. 具体情况具体对待等。

（三）经济效益分析

成本包括稻田承包费、苗种费、饲料费、渔药费、人工费、水电费，以及养殖过程中发生的其他直接费用或间接费用，根据当年上市销售情况，核算出总产值和利润。经济效益表格中如有特殊项可添加，除列表外还应有相应的文字介绍（表 10 - 14 和表 10 - 15）。

表 10 - 14 稻鳅共作种养经济效益

稻田面积：26 亩

项目	类　　别	金额（元）	备　　注
成本	稻种费	1 300	
	田租费	26 000	
	基建费（挖沟费、水电费等）	15 600	
	化肥费		
	有机肥费		
	农药费		
	服务费（耕作费、插秧费、收割费、管理费）	8 840	
	泥鳅苗种费	52 000	
	水产饲料费	195 000	
	水产药物费	5 200	
	产品加工费		
	产品营销费		
	劳动用工费	26 000	
	其他	14 300	
	合计成本	344 240	
产值	总产值	536 250	
	每亩产值	20 625	
利润	总利润	192 010	
	每亩利润	7 385	

表 10 - 15　水稻单作经济效益

稻田面积：6 亩

项目	类　别	金额（元）	备　注
成本	稻种费	300	
	田租费		
	基建费（挖沟费、水电费等）		
	化肥费	840	
	有机肥费		
	农药费	600	
	服务费（耕作费、插秧费、收割费、管理费）	1 620	
	产品加工费		
	产品营销费		
	劳动用工费	3 000	
	其他	300	
	合计成本	6 660	
产值	总产值	9 720	
	每亩产值	1 620	
利润	总利润	3 060	
	每亩利润	510	

（四）发展经验

（1）**市场经营**　以稻养鱼，稻是鱼的清洁工。首先，稻田丰富的昆虫与嫩草又为杂食性的泥鳅提供了丰富的饵料资源；其次，水稻可吸收水中泥鳅的粪便与残余饵料作为肥料，清洁水体，且水稻为水中的有益菌和浮游生物提供了良好的生存环境，从而可以防止部分水体出现富营养化等水质问题；最后，水稻在高温季节为泥鳅提供了很好的遮阳和庇护场所，起到了调节水温、降低水体表面与底部的温差作用。因此说，水稻为泥鳅的生长提供了良好的环境。

以鱼促稻，鱼是稻的清洁工。泥鳅能钻土松泥，促进水稻的根系生长及水稻对肥料的吸收。泥鳅在生长过程中会自然清除掉稻田里的害虫和杂草，泥鳅排出的粪便又可以作为水稻的肥料，这就避免使用化肥与农药，可以产出健康、无污染的绿色水稻。

（2）品牌建设　打造稻鳅共作生态农业，概括地说就是运用现代的科学技术和管理手段，与传统农业经验相结合能获得较高的经济效益、生态效益和社会效益的现代化高效农业。稻田养鳅就是秉承这种理念，把水稻种植业和泥鳅养殖业相结合，协调发展与环境、资源利用与保护之间的矛盾，形成生态与经济的良性循环，经济、社会、生态的统一发展。目前，淮南市阅然生态农业有限公司正在申请无公害产品认证，注册稻鳅共作鳅米和泥鳅品牌。

（3）发展机制　稻田种植和稻鳅共作两种生产模式对比发现，稻鳅共作模式亩均利润大幅度提高，且抗风险能力强。若水稻因高温病害等遭受损失，可以从泥鳅中收回成本；若泥鳅养殖过程中遭受了损失，还可以依靠粮食收回部分成本，与水稻单作、池塘养泥鳅相比较，其抗风险能力大大增强。

六、辽宁省盘锦市大洼区田家镇稻田养殖台湾大泥鳅典型案例

（一）养殖户基本信息

刘兰伟是盘锦市大洼区田家镇顾家村人，从 2015 年开始进行池塘养殖台湾大泥鳅，2016 年用 40 亩稻田养殖台湾大泥鳅，取得较好的经济效益（表 10 - 16）。

表 10 - 16　稻田综合种养和收获情况

稻田面积：40 亩

品种	放养			收获		
	时间	平均规格（克/尾）	放养量（千克/亩）	时间	平均规格（克/尾）	收养量（千克/亩）
泥鳅	6 月 10 日	1.3	9.1	9 月 15 日	71	200
水稻	5 月 20 日		4	10 月 5 日		521
合计						

（二）养殖技术简介

（1）稻田选择　选择保水性好、水源充足、水质符合渔业养殖用水标准，进排水便利的田块。稻田两侧离埝埂 0.5 米处挖环沟，环沟上宽 1 米、底宽 0.5 米、深 0.8 米，挖环沟取土加宽加高埝埂。

（2）防敌害设施　稻田四周设 0.5 米高的塑料薄膜做防逃墙，防止青蛙、鼠、蛇等敌害生物进入，同时防止泥鳅在雨季逃跑。稻田上方设防鸟网，网眼规格 2 厘米×2 厘米。防鸟网底部与防逃墙连接，用竹竿撑起防鸟网，网离地面高度 2 米，便于稻田耕作。

（3）苗种选择　规格 4 厘米以上、大小整齐、无畸形、无外伤、活力好的苗种，用塑料袋充氧包装运输。插秧后 1 周检测水质或试水后投放苗种，亩投放 5 000～7 000 尾。

（4）水稻耕作　养殖泥鳅稻田的插秧、收割与普通稻田相同，化肥用一次性底肥，插秧前用除草剂，但不使用杀虫剂等农药。

（5）饵料投喂　饵料为全价配合饲料，一般用粗蛋白含量 35% 以上的膨化料，投喂量为泥鳅体重的 3%～8%。前期投喂量占泥鳅体重的 8%，中期投喂量占泥鳅体重的 5%，后期投喂量占泥鳅体重的 3%。每天投喂 2～3 次，饵料投在环沟内，每次投喂量以泥鳅在 30 分钟内吃完为宜。

（6）水质调控　在不影响水稻生长的情况下尽量加深水位，进、排水口对角设置，每次稻田给水都要排灌，保持水质清爽。

（7）病害防治　主要病害有指环虫、车轮虫、肠炎、鳃霉等疾病，要注意观察泥鳅的摄食、活动及死亡情况，如有异常要及时诊断病因，对症下药。

（8）捕捞　台湾大泥鳅虽然钻泥差，但水温低于 10 ℃时有钻泥现象。因此，北方地区要在 9 月 10 日前开始起捕，起捕工具主要使用地笼。

（三）经济效益分析

该基地种养面积 40 亩，2016 年收获水稻 20 840 千克，单价

2.8 元/千克，水稻收入 58 352 元；生产商品泥鳅 8 000 千克，收入 192 000 元。合计总产值 250 352 元，生产成本合计 169 660 元，利润 80 690 万元，亩利润 2017 元（表 10-17）。

表 10-17　稻鳅共生种养经济效益

稻田面积：40 亩

项目	类　别	金额（元）	备　注
成本	稻种费	900	
	田租费	32 000	
	基建费（挖沟费、防逃费、哨棚费、水电费等）	7 000	
	化肥费	7 200	
	有机肥费	0	
	农药费	1 600	
	服务费（耕作费、插秧费、收割费、管理费）	9 400	
	泥鳅苗种费	28 000	
	水产饲料费	66 560	
	水产药物费	2 000	
	产品加工费	0	
	产品营销费	0	
	劳动用工费	15 000	
	其他	0	
	合计成本	169 660	
产值	总产值	250 352	
	每亩产值	6 258.8	
利润	总利润	80 692	
	每亩利润	2 017	

　　周边水稻单作效益情况：2015 年亩收获水稻 725 千克，单价 2.8 元/千克，水稻收入 2030 元。生产成本合计 1 317.5 元，亩利润 712.5 元（表 10-18）。

表 10 - 18 水稻单作经济效益

稻田面积：10 亩

项目	类别	金额（元）	备注
成本	稻种费	225	
	田租费	8 000	
	基建费（挖沟费、水电费等）		
	化肥费	1 800	
	有机肥费	0	
	农药费	800	
	服务费（耕作费、插秧费、收割费、管理费）	2 350	
	产品加工费	0	
	产品营销费	0	
	劳动用工费	0	
	其他	0	
	合计成本	13 175	
产值	总产值	20 300	
	每亩产值	2 030	
利润	总利润	7 125	
	每亩利润	712.5	

（四）经验

苗种质量和防鸟网设置是养殖成功的关键。2016 年苗种投放后由于指环虫感染，死亡率达到 50％以上；另外，防鸟网网眼大，安装时底部封闭不严，一些鸟类进入稻田捕食泥鳅鱼也造成了一些经济损失。

（五）改进措施

购买苗种和投放苗种后要注意防治指环虫、车轮虫等寄生虫，对症下药，及时治疗。要加强水质、饵料、病害防治等日常管理工作，要注意防鸟网的设置与维护，降低损失。

参 考 文 献

北京市农林办公室，1992. 北京地区淡水养殖实用技术 [M]. 北京：北京科学技术出版社.

戈贤平，2004. 淡水优质鱼类养殖大全 [M]. 北京：中国农业出版社.

江苏省水产局，1992. 新编淡水养殖实用技术问答 [M]. 北京：农业出版社.

凌熙和，2001. 淡水健康养殖技术手册 [M]. 北京：中国农业出版社.

潘建林，2002. 黄鳝与泥鳅养殖新技术 [M]. 上海：上海科学出版社.

秦莉，2008. 泥鳅养殖六要素 [J]. 农业致富 (18)：40.

徐在宽，徐明，2010. 怎样办好家庭泥鳅黄鳝养殖场 [M]. 北京：科学技术文献出版社.

印杰，2008. 泥鳅健康养殖技术 [M]. 北京：化学工业出版社.

占家智，羊茜，2002. 水产活饵料培育新技术 [M]. 北京：金盾出版社.

彩图43　诱捕泥鳅的须笼

彩图44　规格整齐的泥鳅

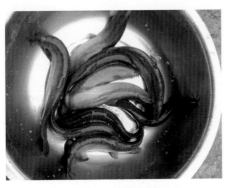

彩图45　商品泥鳅

彩图46　生病的泥鳅

彩图47　体表受伤的泥鳅

彩图48　有害物质引起的畸形

彩图37　专用水质改良剂

彩图38　泥鳅观察台

彩图39　水稻壮苗期的泥鳅养殖管理

彩图40　太阳能灭虫灯杀虫

彩图41　捕捉泥鳅的抄网

彩图42　捕捉泥鳅的地笼

彩图31　刚收割后的稻田灌上水后养鳅

彩图32　养鳅稻田

彩图33　稻鳅兼作

彩图34　稻鳅轮作

彩图35　测试水质

彩图36　水质解毒剂

彩图25　稻田放养泥鳅种苗

彩图26　向稻田里投放苗种

彩图27　成鳅投喂的饲料

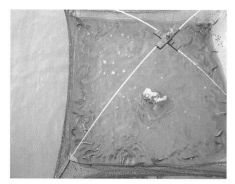

彩图28　检查食台

彩图29　插好的秧田

彩图30　稻田养殖泥鳅

彩图19　田塘式田间沟

彩图20　流水沟式田间沟

彩图21　田间工程建设

彩图22　防逃网

彩图23　投放鳅种

彩图24　投放大规格的鳅种

彩图13　鳅苗运输

彩图14　鳅苗需要经过试水后方可入池

彩图15　水蚯蚓是泥鳅爱吃的鲜活饵料

彩图16　要有丰富水源保障的养鳅稻田

彩图17　周边沟

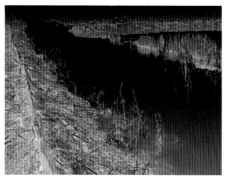

彩图18　开挖的鱼沟和鱼溜

彩图7　静水孵化

彩图8　孵化桶孵化

彩图9　进行消毒的苗种

彩图10　泥鳅寸片

彩图11　培育的优质苗种

彩图12　适宜养殖的优质苗种

彩图1　泥　鳅

彩图2　台湾泥鳅

彩图3　雌雄亲鳅

彩图4　泥鳅雄鳅

彩图5　检查泥鳅的发育情况

彩图6　检查亲鳅的性腺发育程度